IoTとは何か
技術革新から社会革新へ

坂村 健

角川新書

目次

第2章　ＩｏＴの実用化とその可能性

はじめに

「ＩｏＴ」（アイオーティと読む。「Internet of Things」の略。「モノのインターネット」などと言われている）という言葉を、最近よく目にすると感じている方は多いだろう。しかし、それが具体的にどういうものか、何ができるのか、といったことになると、結構曖昧《あいまい》かもしれない。

そこで、30年間この分野を先頭に立って研究開発してきた筆者が、当事者としてＩｏＴを語るというのが本書だ。その意味で、評論家的な第三者視点ではないので、注意が必要だ。ＩｏＴに関わる方式や技術について、考えられる可能性を広く浅く網羅しているわけではない。あくまで私が考えるＩｏＴであり、その実現のキーテクノロジーも、自分が発案して推進しているものや、私の考えで高く評価しているものを強く取り上げている。

未来から振り返れば、その技術が正解だったということにはならないかもしれない。しかし、現時点において私はそれが未来に繋《つな》がる道だと信じているし、だからこそ、そこに向かって進んでいる。

評論家的技術解説書で往々にして抜け落ちるのは、何のためにという視点だ。技術開発において、結果だけを見ると、どうしてそういう設計になっているかが見えないということはよくある。同じ分野の問題意識を共有し、それをどう解決するか常に考えている技術者同士なら、結果だけ見ても「そうきたか！」と理解できる。しかし、最近の技術はどんどん細分化しており、技術者であっても、別の分野からでは、なぜそうなっているかが結果だけ見てもわからないことがほとんどだ。

特にＩｏＴは、情報通信技術といっても、従来、縁の薄かった機器制御システムと情報処理システムにまたがる横断的な新コンセプトである。さらに実用されるにあたっては、ビジネスモデルはもちろんのこと、プライバシー問題から制度設計まで社会スケールでの課題解決が必要となる。そもそもなぜそういうアーキテクチャ（方式、原理、建築の基本設計にあたるもの）にしたかについても、技術的な必然だけでなく、ビジネス的な必要性、さらには社会的な要求といったさまざまな観点から考えざるをえない。

このような事情からＩｏＴを理解するなら、その当事者が設計意図を語るのが一番だろう。私が、自分のすすめるＩｏＴアーキテクチャについて設計意図とともに解説することが、そのままＩｏＴに求められる多様な要求と制約についての解説になる。ＩｏＴについて単に技術的視点で広く浅く知るより、むしろ具体的なプロジェクトベースでその設計意図を知る方が、ＩｏＴについて立体的に知ることに繋がると思う。本書が、そのような理解に繋がってくれるならば幸いである。

ＩｏＴは大きな可能性を持っているが、同時にその可能性を発揮するには、広く社会に浸透することが必要だ。広まらないと利点が活かせないが、利点が見えないと広まらない――という「鶏が先か、卵が先か」の問題だ。30年その開発に携わってきて実感するのが、ＩｏＴはその鶏卵問題が特に強い技術分野だということだ。

社会に出ていくためには、技術開発だけでなく、社会に広く知ってもらうこと、それによって社会的コンセンサスを醸成し、関連する法律整備や規制緩和など制度設計にまでつなげることが重要な鍵になる。そのような意味で、本書もまた私のＩｏＴプロジェクトの一部なのである。

第1章　ＩｏＴの登場

1、ＩｏＴとユビキタス・コンピューティング

ＩｏＴとは何か

ＩｏＴは筆者が30年間実現を目指して研究開発してきた分野である。しかし「30年」と書くと、「ＩｏＴは最新の技術トレンドではないのか？」と、意外に感じられる方も多いだろう。また、少し前の「ユビキタス」ブームを覚えておられる方は、「坂村《さかむら》ならユビキタスでは？」と言われるかもしれない。

話は簡単、「ＩｏＴ＝ユビキタス」。――さらに言えば、その前は「どこでもコンピューター」だったし、さらに前は「ＨＦＤＳ」（超機能分散システム）だった。

ＩＣＴ（情報通信技術）の世界で30年のプロジェクトというと長いようだが、例えばインターネットが最初、米国国防総省の研究開発から始まり、通信規約（これを「プロトコル」という。名前が付けられていてインターネットでは「ＴＣＰ／ＩＰ」という）の開発から、民間利用が許可されオープンになり、社会に普及するまでにも同じぐらいの時間がかかっ

ている。変化の早いＩＣＴの分野でも、インターネットのようなルールを守れば誰でも使えるというオープンなインフラ（基盤）技術が普及するには、それぐらいの時間が必要なのである。

ＩｏＴもまさにオープンなインフラ技術になることを目指している。ＩｏＴ――Internet of Things は、言葉どおりにとれば「モノのインターネット」。「インターネット」という言葉が入っているが、これは単にモノをインターネットで繋《つな》ぐという意味ではない。ＩｏＴはむしろ「インターネットのように」会社や組織やビルや住宅や所有者の枠を超えてモノが繋がれる、まさにオープンなインフラを目指す言葉と捉《とら》えるべきだ。

そして、今のインターネットが、主にウェブやメールなど人間のコミュニケーションを助けるものであるのに対し、コンピューターの組込まれたモノ同士がオープンに連携できるネットワークであり、その連携により社会や生活を支援する――それがＩｏＴなのである。

確かに、単に家庭内の機器を外出中の家人がスマートフォンで制御するようなこともＩｏＴで可能になることのひとつだが、それはほんの一部にすぎない。単なる人からモノに対するリモコンでは、モノとモノの連携動作の可能性は見えてこない。そして何より、家

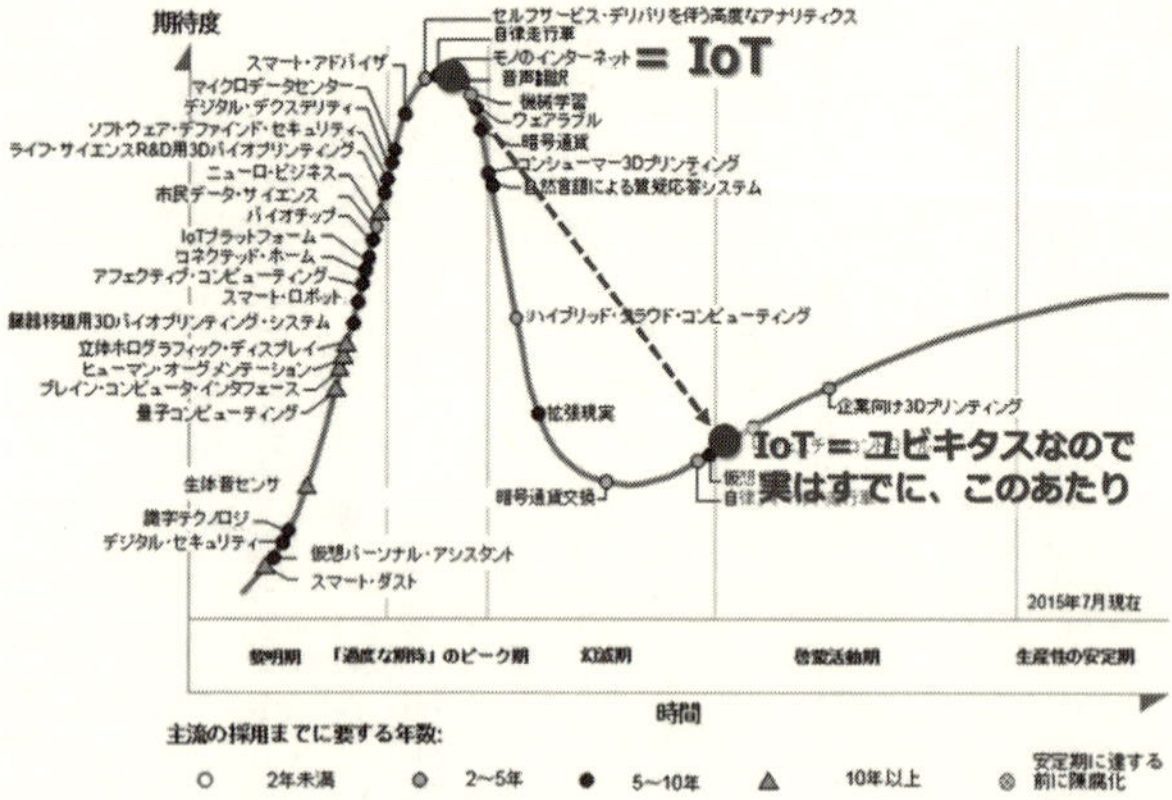

図１・１　ハイプ・サイクルにおけるIoTの位置（元図出典／ガートナー 2015 年 8 月）

庭内の機器をその所有者が制御するのでは結局クローズな利用だ。

「インターナショナル」が国の枠を超えた「国際的な」という意味であるように——「インターネット」は単なる会社内・家庭内のローカルネットワークを超えた「網際的な」ネットワークであるからこそ、社会を大きく変え得たのである。

本書では、その「単なるリモコン」でない応用の可能性を語るとともに、その実現のための課題を技術的な側面と同時に社会的な側面からも解説していきたい。

ハイプ・サイクル

先に挙げたＩｏＴの定義を読めば、「ユビ

キタス」についてご存じの読者ならわかるように、まさにＩｏＴとユビキタスは同じものである。このＩｏＴがユビキタスのそのままの後継という理解は結構重要だ。なぜなら、それが市場化のタイミング判断に直結するからだ。

普及するまでに時間のかかる新技術は、ガートナー社が提唱した「ハイプ・サイクル」と言われる社会認知度のカーブに従うことが経験的に知られている（図１・１）。有望な新技術は「黎明《れいめい》期」から抜け出て、新規性で喧伝《けんでん》される過度な期待のピークの「流行期」に至る。しかし、市場投入までには時間がかかることがわかると「幻滅期」に入る。そして、その間も技術は進んで環境が整うと再度登場する啓蒙《けいもう》活動の「回復期」に入り、その後の「安定期」に普及する――という山あり谷ありのカーブだ。

ＩｏＴを最近出てきた新技術と取ると、今が過度な期待の流行期でこれから幻滅期に入ることになる。つまり、しばらく様子見と言われても仕方がない。

しかし実は「ユビキタス」の頃から続いている流れと取れば、まさに今が回復期。これからが普及の本番なのだ。

例えば米国のインテル社も２０１４年末の組織改編で、ＩｏＴ事業を組込み事業と合わせトップレベルの Solutions Group――日本で言うなら事業本部レベルにまで格上げした。

ＰＣに次いで、これからはすべてのモノに「インテル入ってる」を目指すという。他にも欧米では大手からベンチャーまで、ＩｏＴの市場性を見据えた組織改編が盛んだ。これも赤裸々な言い方をすれば、まさに「お金の匂いがしてきた」からだろう。

ＨＦＤＳからユビキタスへ

ＩｏＴ＝ユビキタスという認識が世界的にも一般的なものだという証左をひとつ挙げておこう。２０１５年５月、ＩＴＵ（国際電気通信連合）１５０周年記念賞が世界で情報通信技術に貢献した６人に与えられた（図１・２）。

ビル・ゲイツは発明者というより社会貢献が評価された特別賞だが、それ以外のアメリカのロバート・Ｅ・カーン氏はＴＣＰ／ＩＰの仕組みを考えた方でまさにインターネットの発明者、マーチン・クーパー氏はセルラー方式を最初に考えた方でいわば現在の携帯電話網の発明者だ。他は、ＩＴＵの規格取りまとめに尽力したということで、デジタルテレビのデータ規格でマーク・Ｉ・クリボシェフ。マルチメディアデータ圧縮方式のトーマス・ウィーガンド。その方々と並んでアジアでは、ただひとり、私が受賞した。その受賞理由がオープンな組込みシステム開発環境ＴＲＯＮ（The Real-time Operating system

図1・2　ITU150周年記念賞の受賞者：左より坂村 健、マーク・I・クリボシェフ（ロシア）、ロバート・E・カーン（米国）、トーマス・ウィーガンド（ドイツ）、マーチン・クーパー（米国）と、受賞の金メダル

Nucleus／トロン）の確立と、IoTのコンセプトを世界に最初に提示したというものだった。

その根拠となっているのが1987年に発表したTRONの英文論文で、この中では今で言うIoTのコンセプトをHFDS── Highly Functionally Distributed System（超機能分散システム）という用語で呼び、プロジェクトのゴールとしている（図1・3）。

TRONプロジェクトでは80年代終わりから公式にはHFDS、一般向け解説などでは「どこでもコンピューター」と呼んでいたこのコンセプトだが、雑誌「Scientific American」1991年9月号に、当時XEROXパロアルト研究所の研究員であったマーク・ワイザーが掲載した論文に、まさに同じ内容で"Ubiquitous Computing"（ユビキタス・コンピューティング）という言葉が使われ、それが一般化していった。

"Ubiquitous"は「神はいずこにもおわす」という宗教がらみのラテン語から来た英語で「どこにでもある＝遍在」という意味であり、まさに「どこでもコンピューター」なのだ。とはいっても日本人は外来語に弱いようで……。いささか味も素っ気もないHFDSや、ちょっと子供向けっぽい「どこでもコンピューター」の代わりに、高尚に聞こえる「ユビキタス・コンピューティング」を、TRONでも徐々に使うようになったのである。

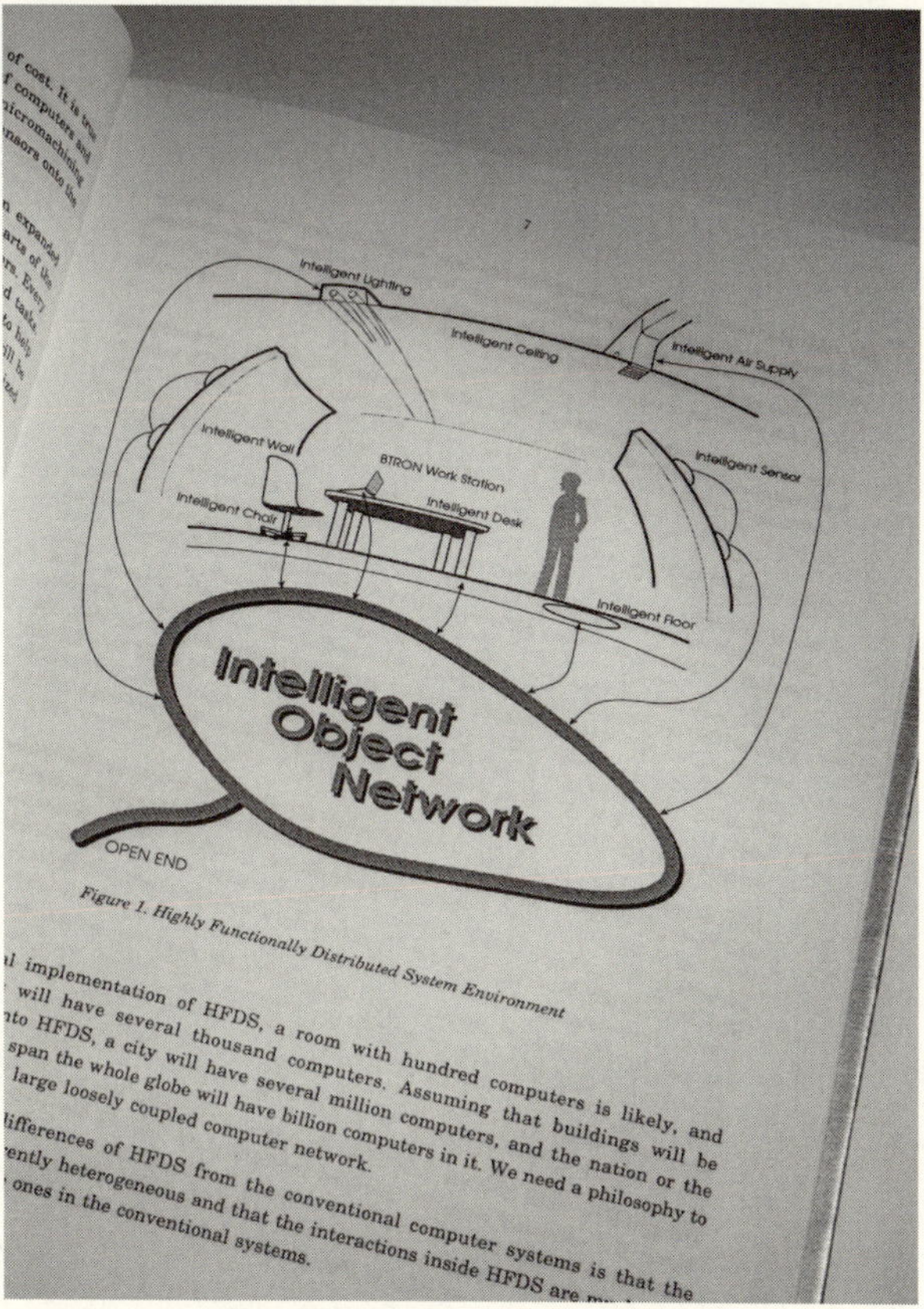

図1・3　1987年に発表したTRONの英文論文（坂村健他『TRON Project 1987』Springer-Verlag 刊、P.7 より）

「インターネットのようにオープン」

これに対して「ＩｏＴ」――“Internet of Things”という言葉は、１９９９年に総合日用品メーカー米プロクター・アンド・ギャンブル社のアシスタント・ブランド・マネージャーであったケビン・アシュトン（図１・４）が、同社重役に対して「ＲＦＩＤ（Radio Frequency IDentifier）という電子タグ（図１・５）がサプライチェーンを変革する」ということを説得するプレゼンテーションのタイトルとして使ったことに始まる。

ＲＦＩＤでできることはバーコードと似ているが、光学読み取りではなく電波を使った読み取りなので、これを商品に付けておけばひとつひとつ読み取るのではなく全部まとめて「この倉庫にはそれが何個あるか」などが瞬間的にわかったりする。

このように「ＩｏＴ」は１９９９年と意外と言葉の元は古い。しかし、技術用語ではなく流通業界のマーケティング用語として「インターネットが世の中を大きく変えたように、在庫管理等の商品の流通過程に革命が起きる」という程度の意味でしか使われておらず、その時には流行《はや》らなかった。ここでの「Things／モノ」は、コンピューターが組込まれて制御されているモノではなく、単にＲＦＩＤが付いた商品であり、多くの人が現在Ｉｏ

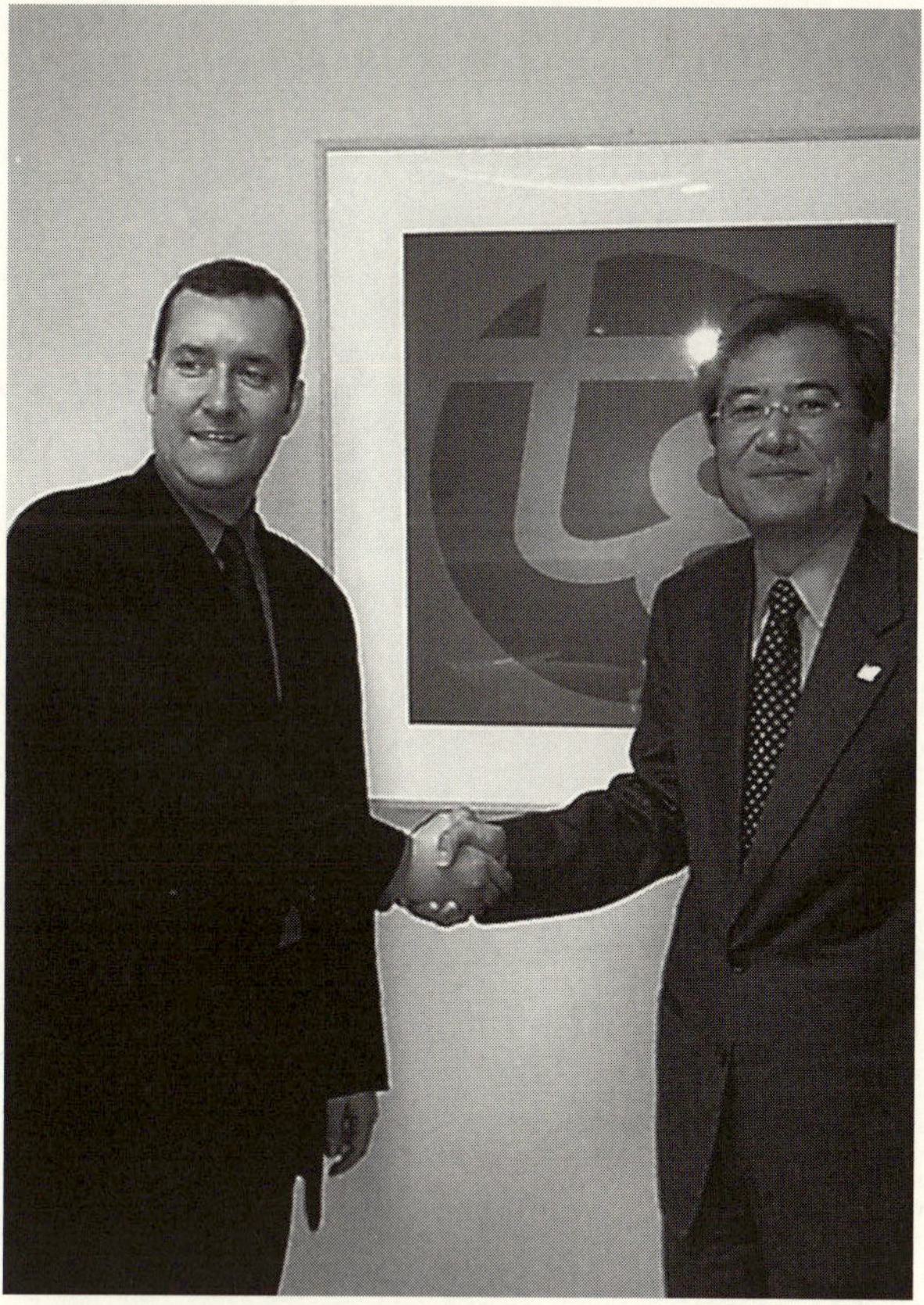

図1・4　ケビン・アシュトンと坂村健（1999年）

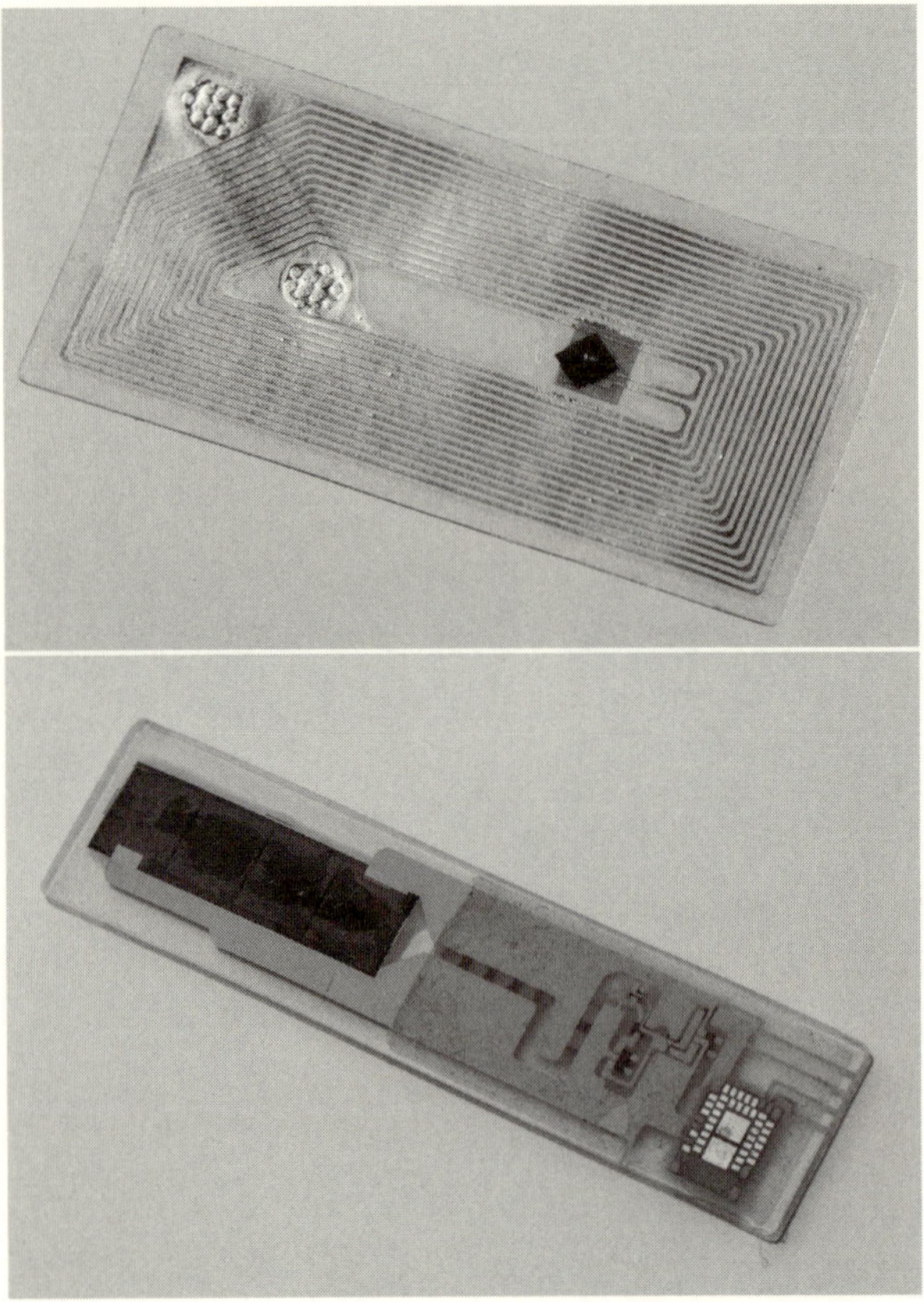

図1・5　上／パッシブRFID（13.56MHz）：周囲を回っている線がアンテナ、小さな塊がRFIDチップで、電力は読取器から電波で供給する。（33mm×17mm）。下／富士通の2016年版アクティブタグ：太陽電池に光をあてるだけで、Bluetoothの電波でucode（P53参照）を発信する。やわらかい樹脂でできているので、取り付けた場所から落下しても怪我をしない。（108mm×26mm×3mm）

Tという用語で意味しているようなコンピューターが組込まれたモノが連携するイメージは、当時にはなかったからだ。

一方、ヨーロッパでも以前から今で言うＩｏＴのコンセプトを示すのに、さまざまな用語が乱立気味だったが、２００５年にＥＵの研究開発プロジェクトがＩｏＴをユビキタス・コンピューティング的なイメージで使い始め、それに集約されるようになっていき、普及して現在に至っている。

先に述べたように、インターネット的な「オープン」こそが、これからの技術の課題であり、「閉じたネットワーク」を超えて「インターネットのように」なることが、「世の中を大きく変える」にあたり重要なポイントだ。

「超機能分散システム」とか「どこでもコンピューター」や「ユビキタス・コンピューティング」といった現象論的用語に比べ、ＩｏＴという用語がより直接的に「インターネットのようにオープン」であることを目指す用語だったということが、並み居る競合の用語を退けて主流になってきた理由なのではないだろうか。

日本政府でも総務省系のＩｏＴに対し、経済産業省系の「ＣＰＳ」―― Cyber-Physical Systems という用語もあったが、今はほぼＩｏＴと呼ぶことで落ち着いたようである。そしてＴＲＯＮプロジェクトでも、「インターネットのようにオープン」であることが大事という認識で、現在はＩｏＴを主に使うようにしているのである。

リアルタイムＯＳの必然性

ＩｏＴ（当時は私はＨＦＤＳと言っていた）が実現する過程では、今までコンピューターと無関係だった多くの種類のモノ、例えば家電製品や自動車の中にコンピューターが組込まれることになる。結果的に大量の組込みシステムの開発需要が出てくるであろうという予想を、１９８４年のＴＲＯＮプロジェクト開始時に立てた。１９８０年代は８ビットマイコンが一部の機器に組込まれ始めた程度の時代であったので、この予測自体、当時としては結構先を見通したものだったと思う。

その予測に従い、ＴＲＯＮプロジェクトでは、まず「組込みシステム開発環境の近代化」を最初のターゲットとした。そのために、まず組込み用の標準ＯＳ（ＯＳとはオペレーティングシステムの略で基本ソフトと言われているもの）を確立しようとしたのである。当時は組込み分野ではＯＳも使わず、ハードの上に手工業的に直接職人が組み上げるようなシステム開発が多かったが、ＯＳを使わないこのようなやり方では開発効率が上がらないからだ。

組込み用OSを用意することで組込み開発は遙かに簡単になるし、何より同じ基盤に立つことで、技術者の教育がしやすくなり安定的に供給できるようになる。ノウハウやソフトウェア部品や開発用のユーティリティも、OSの上で使い回せれば開発ごとのワンオフ――使い捨てでなくなり蓄積されるようになる。

そして標準OSは普及してこそのものなので「オープンアーキテクチャ」として、関連する技術仕様もライセンスも無償で公開することとした。なお、同様にオープンな標準OSを目指したプロジェクトであるLinux（リナックス、今のスマートフォンのOS、Androidでもこれが使われている）が1990年代初頭からなので、マイクロコンピュータのOSのオープン化運動という意味ではTRONの方が先鞭《せんべん》を着けている。

ただ、世間一般で話題になる情報処理用OSの分野でのオープン化ということではLinuxが嚆矢と言っても間違いではない。あくまでジャンルが違うということで、パソコン（パーソナルコンピューター）やサーバーなどの情報処理システムがターゲットのLinuxのような情報処理OSと、TRONのような組込み用OSでは利用環境も根本的機構――アーキテクチャ（方式、原理、建築の基本設計に当たるもの）も異なっている。そのためＬｉｎｕｘのようなライセンスとは異なったやり方でＴＲＯＮは公開しているぐらいだ。

まず、利用環境について簡単に違いを言うと、Ｌｉｎｕｘではその利用者はまず第一にプログラマーであり、ＯＳの中を見て改良したりできる前提だ。他者の努力をただで使うなら、その上で行った改良はコミュニティーへの貢献として戻すべきという思想だ。それに対して、組込み用ＯＳではほとんどの利用者は一般消費者で内容を公開されてもちんぷんかんぷんだ。またメーカーが自社製品のために行う改良は、ほとんどが各社のノウハウそのもので外に出したくない部分だ。そこで、公開したものを元にそれを直して何か工夫して新しいものを作った場合、ＴＲＯＮは成果物を作成者のものとし、公開することは求めないのに対し、Ｌｉｎｕｘは、直した部分の内容を、配布相手にすべて公開しろという方針を取っている。

次に、アーキテクチャの違いについても触れておこう。ＯＳが実現する最も重要な機能が、複数の仕事を同時にひとつのＣＰＵで行うための仕事のスケジューリング（仕事をどういう順序でやるかのような計画）なのだが、Ｌｉｎｕｘは大型コンピューターの系譜の単純なタイムシェアリングが基本。それに対して、ＴＲＯＮのような組込み用ＯＳはプライオリティーに応じて使用権を与えるのが基本。なぜなら、仕事を端から同じ時間単位毎に処理して回していくタイムシェアリングでは、プロセッサーのパワーが潤沢でないと十分な処理性能が得られない。組込みではコストのせいで組込まれる機器に必要最小限の計算資源しか与えられないため、緊急度の高いものから仕事をこなしていくようにしないと必要な性能が出ないからだ。

また、希望の時間に計算が終わらず待ちが生じても、人間相手なら待たせておけばいいが、現実の環境が相手の組込み機器では――エンジン制御が典型だが燃料噴射量の計算が終わらないので待ってくれではエンストしてしまう。〆切を絶対守り他を待たせない――リアルタイム性能を再優先するということで、ＴＲＯＮなどのプライオリティー・スケジューリング系のＯＳは「リアルタイムＯＳ」とも呼ばれるくらいだ。こういう理由で「はやぶさ」のような探査機やＨ２Ａロケットなどの制御もＴＲＯＮで行われている。

原理的に複数の仕事間の干渉が少ないタイムシェアリング系のＯＳは、単純なのでプログラミングがしやすい。また、仕事の追加に強く多様なアプリケーションを追加動作させやすい。だから、パソコンなどの人間相手の情報処理のみのシステムには向いている。

それに対しプライオリティー・スケジューリングは貧弱な計算資源でも最大の性能を引き出す代わりに、仕事同士の干渉が起こりやすく、プログラミングには注意を要する。アプリケーションの追加動作にも不向きである。つまり、どちらが優れているというのでなく応用分野の違いにより必然的に異なるＯＳなのである。

ここで技術的な２つのアーキテクチャの違いを細かく説明したのは、あとで述べるＩｏＴをどのように実現するかの部分で重要な意味を持ってくるからだ。ぜひ理解しておいていただきたい。

2、世界をつなぐオープンシステム

世界の組込みシステム化

技術の進歩に伴い、コンピューターは小型化かつ低価格化し、コンピューターがすべてのモノの中に組込まれていくというＩｏＴの理想像も、今や絵空事とは思えない時代になってきた。まさにこれは「世界の組込みシステム化」といえる。

組込みシステムとは、コンピューターが組込まれているのは当然として、具体的には、自動車から、デジカメ、電子楽器、家庭の電気炊飯器のように、計算以外の何らかの具体

図1・6　TRONが組込まれている製品：「はやぶさ2」など宇宙応用、車のエンジン制御から家電製品まで

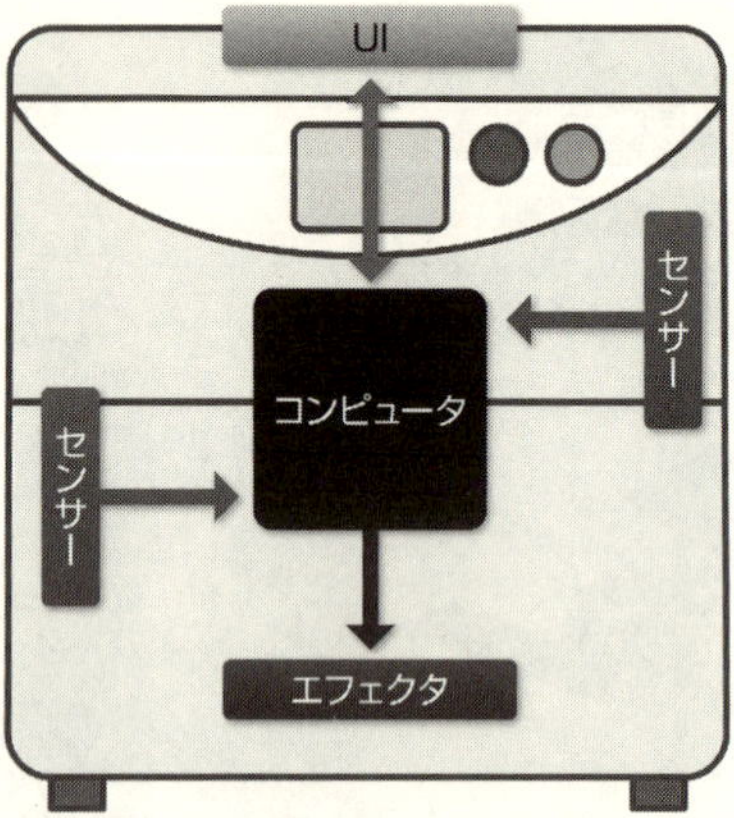

図1・7　組込みシステムの基本構成（電気炊飯器の例）

的目的を持った機器で、その制御のためにコンピューターが組込まれたシステムを指す（図1・6）。

これら組込みシステムの基本構成は、センサーとコンピューターとエフェクター――電気炊飯器ならヒーターのように現実の世界に働きかける部分がエフェクター――の3つの要素からなる。センサーで飯をたいている水の温度など状況を知り、コンピューターでたく温度を下げるなど判断し、エフェクタで状況を変え、その変わった状況をまたセンサーで知り、また判断し……というフィードバック制御が、組込みシステムの本質だ（図1・7）。

この判断する部分にコンピューターがなかった時代は――例えば電気炊飯器では、バイメタルにより釜が特定の温度になるまでヒーターＯＮで、ある温度を超えたらＯＦＦで、またある温度以下になったらＯＮというような単純なフィードバック制御しかできなかった。

これに対して、最近のコンピューター組込みのＩＨ炊飯器は、まず液晶ディスプレイでメニューをボタンで選び→重量センサーが重さを量り→加熱して→熱センサーで温度上昇を計り→メニュープログラムの温度上昇曲線と比較し→ヒーターを調整し→蒸気センサーで蒸気を計り→仕上がり時間を予測し→という具合に、人間がタイマー設定や出力調節をせずに、どんな量の炊飯でも、適切な――いわゆる「始めチョロチョロ、中パッパ」を実現する。

現実世界全体を組込みシステムにするというのは、基本的にはこの電気炊飯器の例と同様に、世界全体が人間の入力や調整なしに、コンピューターが状況を判断し、最適な制御を計算し、さまざまな社会プロセスを実行するということを意味する。人間の判断・制御の負担がコストとなるため行われていないような、細かい社会プロセス最適化は数多く存在する。それらを最適制御することによる効率化は、積もり積もって安全・快適と省エネ・省資源の両立を可能にする鍵《かぎ》になるだろう。

適切な判断のために高い解像度で世界の状況を読み取ることは、従来では処理できないほどのデータストリームを生み、それがリアルタイム処理できなければ、結局適切なタイミング状況を変えることができないというジレンマがあった。しかし、大量のデータの解析技術であるビッグデータ解析技術とクラウド処理プラットフォーム（ネットワークの向う側にあるコンピュータの計算能力を必要に応じて、賃借りできる仕組み）の進歩により、データストリームの量は問題でなくなってきている。

問題は、むしろそのために世界を読み取り、世界に働きかけることができるセンサーやエフェクタが生活空間の中にどれだけあり、どれだけ空間を細かく認識し扱えるかという密度の方になってきており、そこから、できるだけ多数のコンピューター要素を世界に組込むユビキタス・コンピューティング（Ubiquitous Computing）——Ubiquitous とは遍在（ここにも、あそこにも）——というネーミングに繋がるのである。

黒船来襲に驚く日本

ところで、ＴＲＯＮプロジェクトの成果により日本では早くから組込み用ＯＳの事実上の標準化が実現した。自動車や家電が、一気にいわゆる「マイコン式」になる時期にあたり、それは大きなアドバンテージになった。実際、ＩｏＴは日本の得意な組込み機器のネットワーク化という流れの先にある未来であり、日本がこの分野を切り開いたと言っても過言ではない。しかし、この分野で地道に研究開発と実用を続けてきた日本なのだが、それがまるで目新しい物が来たようにＩｏＴに驚いているのが現状だ。

製造業でもＩｏＴの重要性に注目が集まっている。代表的なものが、ドイツが中心になって進める「インダストリー４・０」と米国の「インダストリアル・インターネット・コンソーシアム」だろう。

前者はドイツの産業競争力を維持するための未来の産業政策ビジョンであり、企業・大学・研究機関から成る研究連盟が主導し、業界団体により推進母体が設立され、まさにオール・ドイツ体制。その報告書を読むと、蒸気・電気・オートメーションにつぐ第４の産業革命はＩｏＴ化で、部品製造から組み立て販売まですべての現場が連結され透明化される。その結果、意思決定が最適化され、高効率かつ柔軟な多品種少量生産が可能となるという。これによりドイツは２０２５年までに化学、自動車、機械、電機、農業、ＩＣＴの６分野で毎年１・７パーセントの付加価値成長を実現し、高賃金でも競争力が維持できる体制になるそうだ。

そう聞くとすごいが、報告書を見る限りまだ構想段階で、具体的な仕様が決まっているわけでもないようだ。それでも「ものづくり日本」の将来に不安があるせいか、日本も遅れないようにしないと――という声が政財界のそこかしこから聞こえてくる。

しかし、一歩引いて見てみよう。ここで言われていることは、トヨタが「カンバン・システム」で実現したことと大差はない。

また、米国のインダストリアル・インターネット・コンソーシアムが目指す、産業機器に多くのセンサーを組込み、ネットワーク化してデータを集め、故障診断からさらには予防修理まで繋げようというコンセプトも、コマツの重機の世界ネットワークやＩＨＩの発電用ガスタービンの予防保全ですでに実現されているものだ。

では、日本はＩｏＴで先行しているので安心――でいいのだろうか。むしろ、先行していたのに後塵《こうじん》を拝していることにこそ、日本の産業界の本質的問題が現れていると思った方がいい。それをどうにかしないとこれからのＩｏＴの時代では、お家芸の家電や自動車も食われるだろう。

クローズなＩｏＴとオープンなＩｏＴ

トヨタのカンバン・システムもＩｏＴだが、それは系列に閉じたＩｏＴだ。逆にインダストリー４・０が目指すのは、標準化したカンバンによりドイツ——さらには世界中の製造業すべてが繋がる、系列に閉じないカンバン・システムである。

インダストリアル・インターネット・コンソーシアムも、ＡＴ&Ｔ、シスコシステムズ、ＧＥ（ゼネラル・エレクトリック）、ＩＢＭ、インテルといった米国の大企業が組んだ実用化のための普及機関。自社製品に閉じたシステムでなく、広くオープンな予防保全や運転効率化の枠組みを確立しようとしているところに意義がある。

境界が明確なシステムでは、特定のシステム管理主体がその全体機能についてギャランティ（保証）するが、オープンシステムは——インターネットがその典型であるが、特定のシステム管理主体はなく、その全体についてギャランティは不可能で、個々の関係者のベストエフォート（最大の努力）により成り立たざるをえない。

だからオープンシステムは——道路交通網がその典型であるが、道路交通法や自動車保険などさまざまな社会制度により、技術の不足を補って成り立っている。

しかし、まさにベストエフォートで境界が不明確だからこそ、オープンなシステムは社会のイノベーションに大きな力を発揮する。インターネットの技術開発の時点で、現在主流の応用のほとんどは予見もされていなかった。しかし、予見できない革新こそがイノベーションであるという定義からいって、プロトコルの工夫でウェブを始めとする予見できない応用を生めたというそのオープン性こそが、最も重要な――特定応用の閉じたネットワークであった先行のＶＡＮ（付加価値通信網）や、仕様が厳格に決められたＯＳＩにない、インターネットのアーキテクチャ的な優位性だったのだ（ＯＳＩとは Open Systems Interconnection の略で国際標準化機構〈ＩＳＯ〉によって策定された、オープンな異なるシステムを相互接続するための規約だが、かなり厳密でありインターネットのような柔軟性はない）。

研究段階が終わり社会への出口を見つける段階になると、技術以外の要素が問題になる。そのとき、オープンな情報システム構築に不得手なギャランティ志向であることが、日本のＩｏＴにとって大きな足かせとなる。

意識レベルからこの問題を解決しなければ、技術的に十分可能でも、それがオープンにできるか――日本が先行する「閉じたＩｏＴ」が、これからの「オープンなＩｏＴ」になれるかを決めるのは社会的問題なのである。

曖昧なバズワードの潜在力

この本を読む前でも、「ＩｏＴ」が「Internet of Things」の略で、「モノをインターネットに繋ぐ」というようなこと——程度は多くの方が理解しておられたことだろう。しかし、それが具体的にどういうものか、何をもたらすか、といったことになると、結構曖昧《あいまい》だったのではないだろうか。

これはある意味当たり前で、ＩｏＴという言葉自体、技術系の専門用語のように見えてその実、結構曖昧な言葉なのだ。こういう言葉を「バズワード」という。

バズワードとは、具体的な定義がないのに新規の専門用語のように現れ、しかも広く流行するイメージ先行で使われる用語のことだ。「バズ（buzz）」という言葉は、蜂のブンブンとうなる音を表しており、そこから、実体ははっきり見えないのに周りから音だけがうるさいぐらい聞こえてくる——実体が明確でないのに世間や業界に広くその語が流行している状況を表している。

よく言う冗談だが「経済紙を読んで、これからはＩｏＴだ！　すぐＩｏＴ買ってこい！」というような社長がいる会社はすぐお辞めになった方がいい」というぐらいで、話題になればすぐ買ってこられる「スマートフォン」のような確たる実体があるわけではない。

では、イメージ先行のバブルな言葉で真剣に捉えなくていいかというと、そうではない。ある用語が広く使われるには、やはりそれだけの下地がある。特に、新しい変化が起こっていることを皆が感じていて、でもそれをどう定義し表現するかで迷っているとき、その曖昧な何かを指すような言葉が生まれることで皆がそれに飛びついてバズワードが一気に広まる。そして、そのトレンドにラベルが付くことで、伝わりやすくなり、それと意識した開発やビジネスが多方面で始まり、その成果がいつかは現実に影響を与えるということは、今までのさまざまな分野でのイノベーションにおいてよく見られた傾向だ。

　そういう意味で、バズワードが生まれることは結果でもあり、また同時に起爆剤でもある。オープンなＩｏＴが技術的な変革であるのと同程度――いやそれ以上に社会的な変革に繋がるものである以上、多くの方々に関心を持ってもらえるバズワードの登場が重要なのである。

第2章　IoTの実用化とその可能性

1、ＩｏＴの実証実験

モノのトレーサビリティ

第1章で述べたとおり、私は30年前に「ユビキタス・コンピューティング」「ユビキタス・ネットワーキング」の概念を提唱し研究開発を始めた。それが「ＩｏＴ」と名前を変え、近年は世間一般にも広く認識されるようになってきた。「ＩｏＴ」とだけ聞くと最近の流れのようだが「ユビキタス」としてはすでに10年以上前からあり、その世界を理解していただくため――また応用の具体的イメージを示すショーケースとして、実証実験を数多く行ってきた。そして実証実験から実現フェーズに移行しようとしているのが今なのである。

そこで本章では、この10年間我々が行ってきた応用研究と、それがさらに進むとどうなるかということを解説したい。

最初の例は血液製剤という薬の管理。日本血液製剤機構が行っている製薬のトレーサビリティだ。血液製剤はヒトの血液を原料とする医薬品なので、薬害エイズ事件の苦い経験からも、誰の血からどうやって作ったのか、誰が作ったのか、どこで作ったのか、どうやって運んで、どこでどう使われたのか、を正確に記録することが必要とされている。

「トレーサビリティ」とは、ある製品の原料から消費されるまでの工程を記録し、流通してしまった後からでも、その記録をたどって「追跡＝トレース」できるようにすることである。流通後にある製品に問題が出て、それがどのように作られたかを逆にたどり原因を突き止めることを「バックトレース」と言う。逆に、製造工程で問題が発覚するなどして、製品を回収しなければならなくなったときに、その問題が影響した製品を特定し、それがどこに売られたかというように、流通の川下に向かって追跡することを「フォワードトレース」と言う。

トレーサビリティ実現のためには必ずしもコンピューターを使わなくてもいいが、記録する情報を増やそうとすれば、コンピューターを使わない手作業の帳簿記入方式は非現実的だ。さらに、商品が動くたびに毎回「棚卸し」作業を行うようなものなので、その商品確認もできるかぎり人手なしに自動的に行うことが望ましい。製品自体にバーコードやさらには電子タグなどに入れた自動的に読み取れる番号（これをＩＤという）を貼り付ける

（図2・1）。倉庫の入り口や棚にこの電子タグの読み取り装置を取り付けることによって、入庫時に自動的に確認したり、棚に並んでいる状態で一括検品したりできるようになる。

ちなみに電子タグとはRFID（Radio Frequency IDentifier）とも言われ、電波でIDを読み取れる簡単な電子回路を挟み込んだ荷札（これをタグという）である。また、SuicaやPASMO等のICカードは、このRFIDをカード型にしたものである。

薬品や食品などコンピューターが組込まれていないものであっても、このように機械による自動読み取り可能なIDを持つことでネットの世界の中から認識されるモノになる。

IoTという言葉が最初に使われた頃の、流通業界のマーケティング用語としての意味はむしろこちらが主だった。そして今も、コンピューター組込みのモノがネットに繋《つな》がるというだけでなく、このような形で「インターネットに繋ぐ」ものもIoTのコンセプトに当然含まれている。

そして、そのためにIoTでモノに付けるIDは、基本的に個体識別（ひとつひとつが区別）できることが必要だ。現在の商品バーコードのような、商品の種別がわかるだけのコードでは、ひとつひとつのモノが区別できないため、モノをネットに繋ぐことにならない。

図2・1　血液製剤にRFIDを取り付けたもの（一般社団法人 日本血液製剤機構）

例えば、多くのワクチンは保管時の温度に非常に敏感で、保管庫から出されて不適切な温度で放置されるとすぐに効能を失ってしまう。ＩｏＴ対応の保管庫のイメージとして、内部の医薬品に電子タグを付けＩＤで自動認識していれば、出しっぱなしになって効能を失った恐れのある製品の利用に対し警告を発することができる。

しかし、そのためには、ＩＤで個体識別できることが重要だ。出しっぱなしにしていたワクチンとずっと保管庫にあったワクチンに医薬品種別やロット単位のＩＤしか付いていなければ、不適切な1本のためにすべてを廃棄しなければならなくなる。

このようなトレーサビリティは、現在は非常に高価で重要な医薬品ぐらいでしかやっていない。しかし、我々の考えでは、将来はすべての医薬品――さらには食品といった消費財についても、原料は何か、関わった製造者は誰か、どこに流通して、誰に消費されたかのトレーサビリティがＩｏＴの一環として行われるようになると考えている。

家庭薬にもひとつひとつ電子タグなどでＩＤを付け、服用時に各自が持つＩＤが読めるスマートフォンなどを薬の箱にあてれば、期限切れの薬はもちろん、自分の体質に合わない薬や、最近服用した薬の記録とつき合わせて併用してはいけない薬を警告してくれたりするようになる。声で結果を知らせてくれれば、目の不自由な方やお年寄りにとっては、

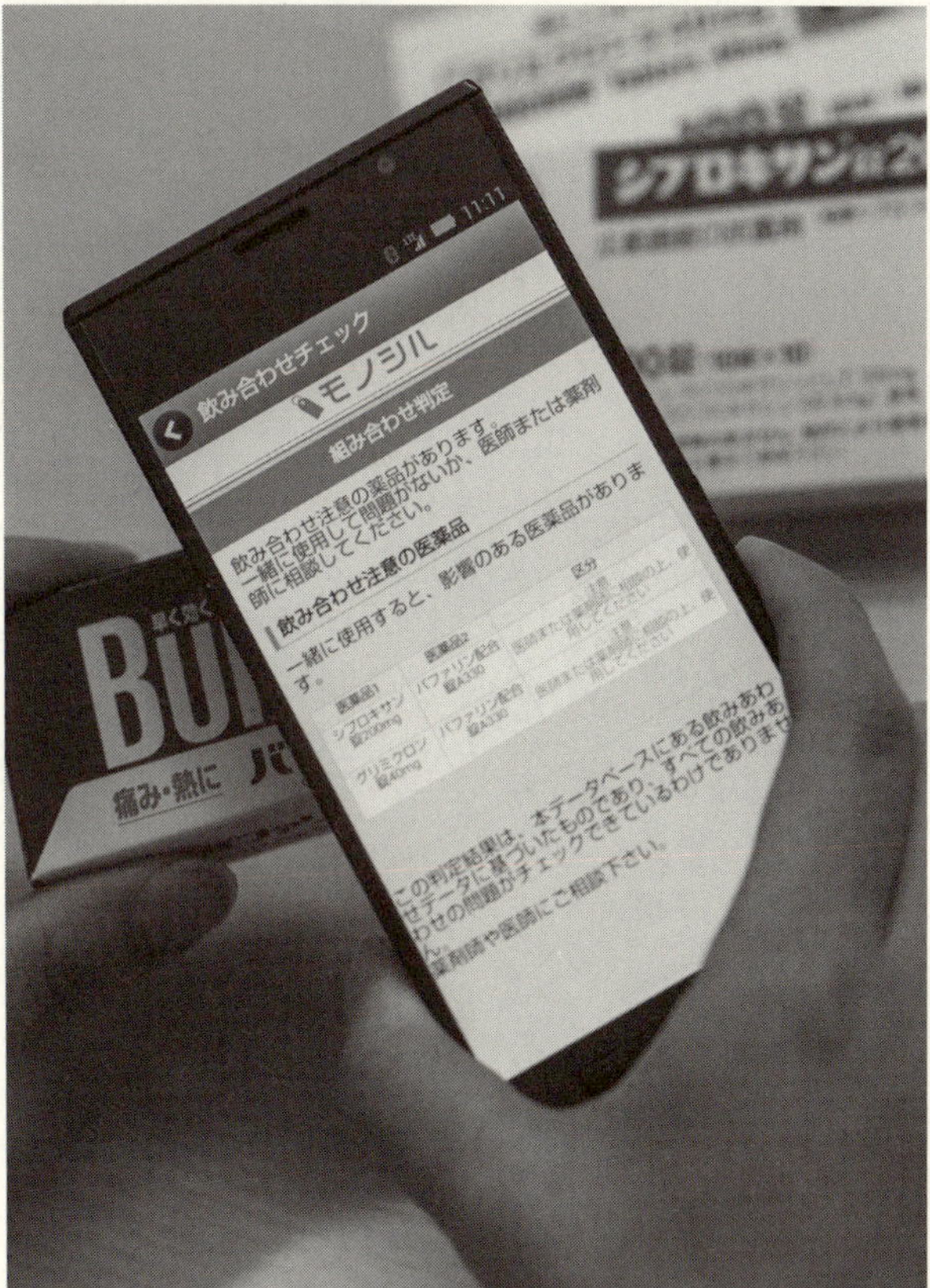

図２・２　スマホをRFID付きの薬に近付けると、内容や飲み合わせがわかる（YRP UNLによる実験）

薬を手探りで飲む不安がなくなるだろう（図2・2）。

食品偽造や牛海綿状脳症（BSE）などで、食に対する不安も増している。このような問題が社会的に注目されるようになった初期の例である雪印乳業の事件（2000年）は、典型的な「フォワードトレーサビリティ」欠如の例であった。

ひとつひとつの商品の個体識別ができず、さらにどのロットがどこに流通したかもたどれなかった。消費者が手元の製品に問題があるかないかを知る手段もなかった。そのため、問題を起こしていない別の工場で製造されたものは安全であったにもかかわらず、最終的には雪印乳業の製品すべてを廃棄するしかなくなってしまったのである。

食品に対する不安は未《いま》だになくなっておらず、未来は家庭に並ぶどんな消費財にもトレーサビリティが備わるようになるだろう。

店頭の冷蔵庫がネットワーク公開される危険情報を受けて、庫内を自動チェックし「この製品は危険リストの中に入っています」と警告してくれれば、製造時の問題が起こっても、問題のある製品が使用される前にそのロットのみを速やかに回収できる。不幸にして売れてしまい回収できなかったとしても、ネットワークに危険情報を上げておけば、牛乳を飲もうとした人のスマートフォンが確認して、水ぎわで警告して事故を防止するといっ

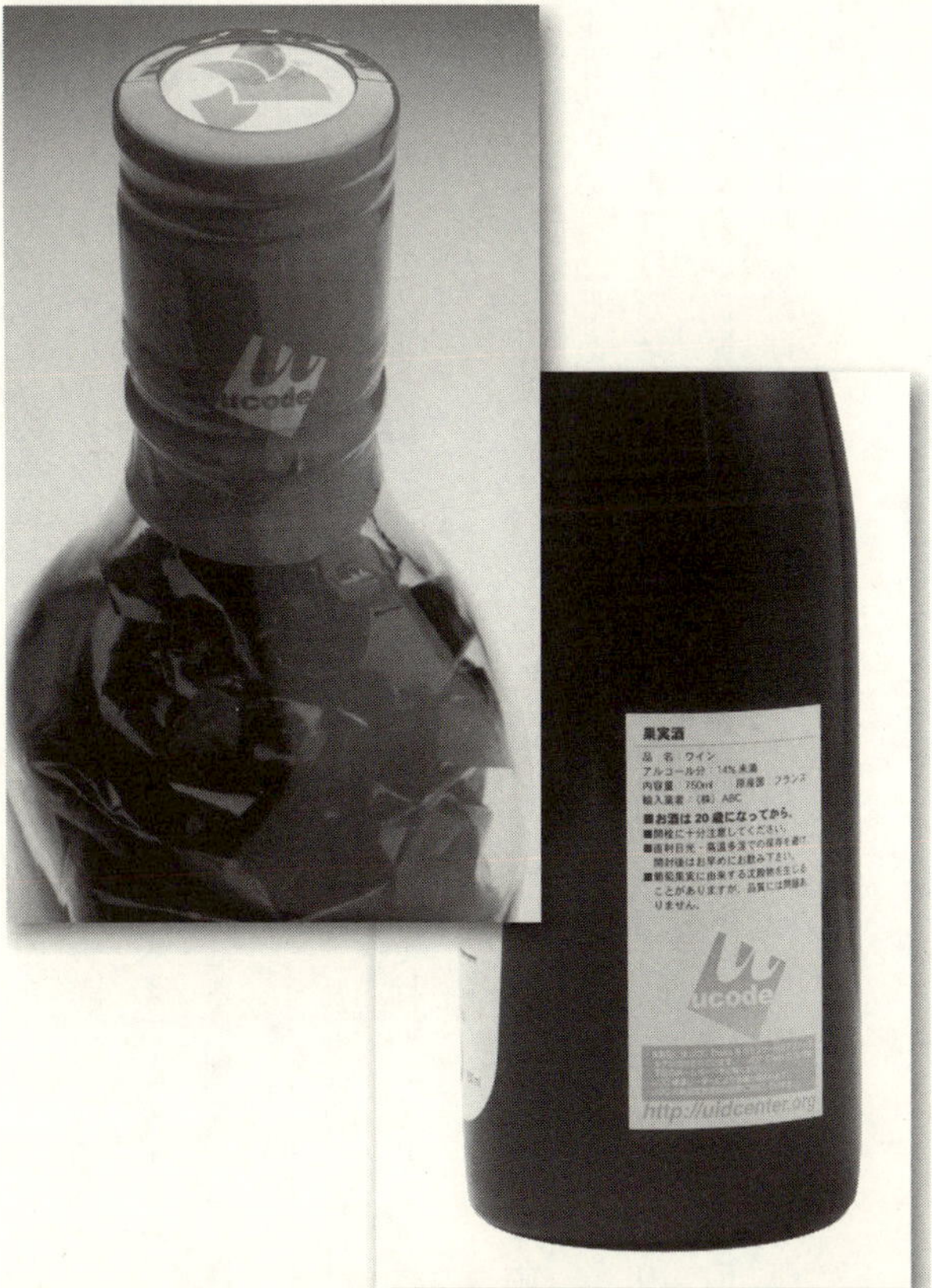

図２・３　高価な酒の瓶に付けたucode：キャップシールもRFIDになっていて、シールをはがすと読めなくなり、中身の入れ替えなどの検知に使われる（YRP UNL）

たこともできる。だから商品に付ける電子タグにはひとつひとつの商品を区別するためのIDだけを入れて、その商品に関する情報はネットの向こうのクラウドコンピューターの中に入れIDにより結びつける――それがIoTの考え方なのである。

ワクチンやワインなど、特に保存温度が品質に大きな影響を及ぼす医薬品や食品については、温度センサー付きの超小型チップを付けておけば、物品から「保存温度が高すぎる」といった警告を倉庫の空調システムに流したり、販売段階で品質の劣化を察知することもできる。このように、人の健康に直結する製品ではトレーサビリティのメリットは特に大きいはずだ。

またあまりいい話ではないが、トレーサビリティには盗難商品の再流通の阻止といった犯罪防止の側面もある。実際に第三世界では品質の落ちた盗難医薬品や偽薬で命を失う人も多い。WHOの発表によると、第三世界で出回っている薬品の実に10パーセントが、なんの効果もない偽薬だという調査もあるという。また、高価な酒などのいくつかの商品でも、個品IDを付けてトレーサビリティにより偽造品を防ごうという試みが始まっている(図2・3)。

図2・4　食品に付けられたucodeを端末に読ませるとアレルギーになる材料などがわかる（コープさっぽろでのYRP UNLによる実験）

食品から廃棄物までをもトレース

我々も医薬品だけでなく、ＩｏＴの食品トレーサビリティ応用の実証実験として農家から始まって、農協、市場、スーパーやデパートに至るまでの履歴がエンドユーザにわかる実験も行ってきた。ＩｏＴにより食品の成分が食べる時にリアルタイムでわかれば、例えばそばアレルギーの方が身に付けた端末で、お菓子を食べる前にそばの成分が入っているのかといったことを事前に知ることができ、アレルギー症状を未然に防ぐこともできる（図2・4）。

個々の分野のトレーサビリティを考えるなら――例えば、医薬品のトレーサビリティだけを考えてＩＤをつけ、その読み取り端末を流通網で整備するといったことは考えられるし、事実血液製剤のトレーサビリティはそのようにして実現した。

しかし、前述した例でもわかると思うが、まったく同じことを食品でも行いたいということもある。またさらに、「グレープフルーツジュースと降圧剤の併用禁忌」のように、医薬品と食品の食べ合わせで問題になるケースもある。医薬品トレーサビリティ用端末とか、食品トレーサビリティ用端末などと分野を細分化するほど、端末が特殊化し単価が高くなり普及は難しくなる。使う側としても、Aをチェックするときはこの端末、Bをチェックするときはこのアプリなどとやっていては面倒だ。

つまり、「何のトレーサビリティ」かということでなく、汎用的な「トレーサビリティ」のためのインフラを構築して、それを社会に普及する方がいい。それこそが、トレーサビリティありきで考えるのでなく、ＩｏＴの一応用としてトレーサビリティを捉《とら》えることの意義なのである。

消費財に限らず、住宅部品も、このあと紹介する橋やトンネルの部材も、偽装事件が社会問題化している。トレーサビリティにより誰がいつ、どうやって作ったのかがわかるようになれば、事故が起きたときに問題の所在がわかるようになる。そうすれば、同じ物を使って起こる事故を未然に防ぐこともできる。

廃棄物もインテリジェントゴミ箱に捨てれば、各製品についている電子タグにより人間がやるよりもうまく分別し、それぞれに適した安全な処理が行えるし、再利用可能な資源についてリサイクルを行うことが可能になるだろう。

また、建築、土木の分野で言えば、先の例と同様に資材・建材トレーサビリティには大きなメリットが考えられる。施工管理やメンテナンス管理、不良品のピンポイント回収、偽装対策については食品・医薬品と同様有用である。またセンサーチップであれば、それこそ砂粒大のチップをコンクリートに混ぜて施工し、それを電波で調べることで、配合・輸送・管理・施工の履歴から、内部の水分のしみ込みやpHの変化を調べたりもできるようになるだろう。

血液製剤に続き我々の実証実験から分野限定的だが実用化されているのが、住宅用火災警報器だ。大規模集合住宅で後からまとめて電池式の火災警報器を設置したような場合、管理者がその警報器の機能を維持する責任が生じる。

故障への対応や電池切れの予防などのため、誰が・いつ・どこに・どの火災警報器を付けたのかを記録しないといけない。大きな現場ではいろいろなメーカーの火災警報器をま

図2・5　製品トレーサビリティのためにucode電子タグのシールを付けた火災警報器（一般財団法人 ベターリビング）

とめて使うので、どこに何を付けたのかをメーカーによらずトレースするシステムが必要で、それを我々のIoT技術を利用してベターリビングが実用化している。すでに300万個ほどの火災警報器に付けられている（図2・5）。

現在はまだ応用分野が限られているが、重要な分野から徐々にトレーサビリティは広まっており、先の「グレープフルーツジュースと降圧剤の併用禁止」の例のように、分野間が連携していくことでIoTとして横展開して、いつかは汎用トレーサビリティのインフラとなる。未来はあらゆる消費財や住宅部品などコンピューターを組込まないモノにもIDタグがついて、トレーサビリティができるようになる――そして、応用の枠も超えて、保証やメンテナンス、さらには投薬記録や食事記録による健康管理にまでさまざまな応用に使われると考えている。

モノのメンテナンスと汎用の重要性

モノにＩＤを付けメンテナンスに利用している例として、旅客機の整備現場を見てみよう。現在最新の旅客機では、機体を構成する全部の部品に電子タグが付けられている。１台の飛行機は４００万から６００万個の部品で構成されているが、電子タグを付けることで、旅客機が全世界のどこにあっても部品のメンテナンスを効率よく行うことができるようになる。

どこの誰がどの部品の交換をして、どこの工場でメンテナンスしたのかも、個々の部品に電子タグを付け、わかるようにすることができる。すでにこのようなシステムはボーイング社などで実用化されており、システム実現にあたっては日本のメーカーも協力している。電子タグに関しては富士通など日本のメーカーの力は強い。

ところで電子タグにどのようなＩＤを入れるのかであるが、ここで我々がＩｏＴのために導入した、識別コードである「ｕｃｏｄｅ」（ユーコード）を紹介しよう。詳しくは後で解説するが、ｕｃｏｄｅとは製造年月日等の意味を持たず分野も応用も超えて汎用的に使えるＩＤである。ＩＤとは前述したように区別するための番号である。

航空機のメンテナンスという限られた分野での利用なら、そのためだけの閉じたＩＤ体系で利用できる。しかし、将来その機体が廃棄され他の機械部品と一緒に再資源処理化される場面などを考えれば、「航空機部品のＩＤ」というのでなく、単なる「機械部品のＩＤ」の方がいいことは明白だ。

さらには、機械部品の中には、他の分野の――例えば住宅部品と同じネジや原料が使われているかもしれない。原料生産から、製造加工、組み立て、流通、小売、消費、廃棄、資源再生といった、製品の一生の軌跡を「バリューチェーン」などと言うが、社会を覆うバリューチェーンの網は複雑に絡み合っている。

製造→流通→小売だけのＩＣＴ化を「ＳＣＭ／サプライチェーンマネージメント」と言うが、そのＳＣＭと違い「ＶＣＭ／バリューチェーンマネージメント」は一部の分野、一部の応用だけでは閉じることはできない。ＩｏＴの一応用として「トレーサビリティ」があり「メンテナンス」があるという考え方が重要なのである。だからこそ、ＩｏＴのための汎用識別コード「ｕｃｏｄｅ」が必要とされる。

図2・6　遊具にucodeタグを付けてメンテナンスの記録をするもの（東京都）

将来は飛行機のような高価なものだけではなくて、あらゆる工作機械やモノのメンテナンスがIoTの一応用として実現される時代がくるだろう。

東京都ではucodeタグを町中の街灯や遊具に付けて、メンテナンスなどの管理を行っている（図2・6）。点検業務の効率化を目指しているが、まだほんの一部だ。しかし、おそらく将来は、東京都だけでなく他の地域でもストリートファニチャーなどの公物管理のためにucodeタグを付けて、そこからメンテナンスの状態や図面が簡単にわかるようになり、市民が故障の通報のようなこともできるようになるだろう。

昨今、橋やトンネルなどの公共インフラでも問題がいろいろ表面化してきている。高度成長期に作られた多くの日本のインフラが耐用年数に近づいているからだ。しかし、公共事業に回せる予算も人手も、少子高齢化の日本ではどんどん限られてきている。インフラの効率的点検が必要だ。

そこでucodeタグを点検しなければいけないところに付ける。点検しようとする箇所のタグに格納されているucodeの値をスマートフォンやタブレットで読み取り「ネットに繋げる」。すると現場に持っていったスマートフォンやタブレットに点検しようとしている橋の構造図が出てきて、その部位をいつ点検したのか、今回点検したときにどこ

図2・7　銀座通りの街灯に付けたucode：スマホを近付けると観光情報や近くの店舗情報、災害時の避難場所が出てくる（東京都、国土交通省）

がよくなかったのかなどを記録できる。このような実証実験も行われている。これも現在はまだ一部でしか行われていないが、将来的にはすべての橋やトンネルなどの大規模構造物の管理がＩｏＴの一環としてできるようになると思っている。

さらに、ここでもＩｏＴの汎用性が重要である。例えば、銀座《ぎんざ》では街灯を中心に数千のｕｃｏｄｅタグを町中に付けている（図２・７）。これを使った都市災害時の避難実験なども行った。しかし、タグ設置を実際に行い費用計算してわかったことは、災害のときだけに使われるのでは、そのコストをどうやって負担するのかが問題になるということだ。

メンテナンスや避難誘導だけでなく、平常時には、外国から来た方に観光の案内ができるとか、電車の時刻表が出てくるとか、トイレがどこにあるといった都市情報を出すといったことを行う必要がある。

非常時対応のようなコストは、一般的な利便に繋がらず、だからこそ多用途に使うことで少しずつ社会的に費用を分担する必要がある。その点でも汎用的なＩｏＴの一部であるという視点が重要なのだ。

2、オープンIoT

インダストリー4・0

コンピューターが組込まれたモノを考えるとき、IoTというコンセプトの可能性を最も示すのは、ネットワーク経由のリモコンといった単純な「人対モノ」のコミュニケーションではない応用を考えたときである。モノ対モノ――機械同士のコミュニケーションの応用の代表的な例といえば、高度にオートメーション化された最新の工場だろう。そこでは多くの製造機械がネットワークに繋がれ、人間に制御されなくても秩序だって連携して動いている。

製造される側のモノもバーコードや電子タグで自ら情報を持ち、製造機械とやり取りする。工場全体がまるでひとつの有機体のように、どこかが故障すれば対応し、材料や部品が足りなくなるとそれを感知して補充する。工場全体がひとつのロボットのようだともいえるだろう。

ドイツの「インダストリー4・0」構想は第1章でも少し触れたように、工場のロボット化を、ひとつの工場――さらには企業の枠を超えて、ドイツ全土に広げようというものである。これにより、いわばドイツの産業全体をひとつのロボット――そこまで一体化していないにしろ、少なくとも有機的に自動連携するひとつの生態系のようにする。

それにより、少量の部品でも迅速に融通できるようになり、個々の顧客の様々な要求に従い、少量生産でも利益が出るようになる。また直前の変更にも対応できる、柔軟性の高い生産が可能になる。生産の現場から消費の現場まで透明化され意思決定が最適化され、資源の無駄がなくなり、生産性や効率が向上する。それにより高賃金でも競争力がある国になるといったメリットが生まれるというビジョンが語られている。

構想のはじめの段階ではドイツのためということであったが、最近は世界的なオープン化やグローバル化の中で、さすがに「高賃金でも強いドイツ産業を目指す」というナショナリスティックなゴールは影を潜めている。「地球に優しい」「人間が中心の生産現場になり、労働者にもメリットが大きい」といった点を強調して、世界での仲間づくりを目指しているようだ。ドイツを超えて世界の産業全体を有機的に連携するひとつの生態系のようにするように、インダストリー4・0の構想を広げようとしているのだ。

ただし、インダストリー４・０が工場・企業・国といった枠を超えた構想になったといっても、まだ枠がある。それは「製造業」という応用分野の枠だ。例えば家庭のモノから上がってくるビッグデータにより、それらのモノが必要とするフィルター等の消耗品の需要予測の精度を上げ、それが生産の最適化に繋がるというような連携、さらには廃棄処理時に製造時のデータを活かして資源分別するといった応用を考えれば、製造するだけでなく、その後の製品ライフサイクルをすべて連携の範囲とすれば、さらに大きな可能性があることがわかる。インダストリー４・０構想の限界だ。

応用を決めて考えることもまた枠のひとつ。本来のＩｏＴの可能性を活かすなら、この枠を壊さなければならない。家庭やオフィスや工場や農場――社会のさまざまな現場の設備や機械、さらにはそこで扱われている物品、それらが関係するさまざまな利用シーンの「すべて」を対象として自動連携させ、ひとつの有機的な生態系にするべきであり、それこそがＩｏＴのゴールなのである。

インダストリアル・インターネット

インダストリー４・０と並んでよく取り上げられるのがＧＥ社（ゼネラル・エレクトリ

ック）のインダストリアル・インターネット構想だが、こちらは製造段階を対象とするのでなく、設備機器の運用・メンテナンス段階でのＩｏＴの応用である。

航空エンジンから医用電子機器まで同社のあらゆる産業機械に多くのセンサーを付け、データをネットワークによりクラウドサーバーに送り、ビッグデータ処理することで制御の効率化を行うとともに、故障が発現する前の兆候を見つけ事前に修理を行うというものだ。

設備機器に多くのセンサーを組込み、運転に必要とされる以上のデータ、つまり直接には関係なさそうな箇所の温度や振動等の各種の測定データを収集する。運転に使うだけなら、データはその瞬間にしか必要ないので、どんどん忘れていけばいい。しかし、インダストリアル・インターネットではそれをインターネット経由でＧＥのサーバーに送りどんどん記録していく。

大型の設備機器なら何百ものセンサーがあり、そこから秒単位でデータが溜《た》まっていく。そういう設備が世界中に何百台もあれば、溜まる一方のデータは大量のものになる。これがいわゆる「ビッグデータ」と言われるものだ。

そして日々のデータを過去の故障事例のビッグデータとつき合わせることで故障が発現

する前の兆候を見つけるというのが、インダストリアル・インターネットの基本アイデアだ。多くの設備機器は故障してから修理するより、計画的にメンテナンスして予期せぬ故障が起こらないようにする方が遥かに少ないコスト損失ですむ。また、このビッグデータを解析することで効率的な運用方法を割り出せるという。

実例として、ＧＥ社が管理する全世界の１万２０００基の風力発電用タービンにこのコンセプトを適用することで、予防修理により３０００万ドルの節約、効率上昇で１基あたり年１万ドルの増収となったという。

実は、同様の技術はすでに個別の現場では利用されている。イスラエル電力では電力インフラに問題が起きる最大30時間前に予兆を見つけて、事故後の再起動コストを20パーセント節約した。ワシントンＤＣ水道局では故障が起きそうな箇所を前もって予測し、集中してメンテナンスを行うように変更することで漏水を減少。また、メンテナンス車両が行く時期と場所を絞り込むことで、燃料コストを20パーセント節約したという。

日本でもＩＨＩ社の発電用ガスタービンの異常検知や予防保全にビッグデータ解析を活用し、稼働率９７・５パーセントを達成するとともに、燃焼効率向上により窒素酸化物の排出も低下させたという。

このように実用化されているように見えるＩｏＴだが、これらが組織や場所や応用で「閉じたＩｏＴ」であることに注意が必要だ。先にも述べたように、「インターネットが世の中を大きく変えた」のは、インターネットの基本哲学が「オープン」だったためである。「オープン」とは、所与の公的ルールに従うことを条件に誰でもが参加し何にでも利用できるということ。例えばインターネットはまさに「オープン」で、プロトコルというルールさえ知っていれば、参加する個々が互いを知らなくても、誰でもが参加し何にでも利用できる。

インターネット的な「オープン」こそがこれからのＩｏＴの課題であり、前述の「閉じたＩｏＴ」を超えて「インターネットのように」なることが、「世の中を大きく変える」にあたり重要なポイントなのである。

インダストリアル・インターネット構想は、イスラエル電力やワシントンＤＣ水道局といった組織の枠を超えて、ＧＥ社の販売した全世界の各種の機器からビッグデータを集めるという意味で、一歩オープンに近づいているが、それでもメーカーの枠は残っている。

そこでよりオープンになることを目指して設立されたのが、インダストリアル・インターネット・コンソーシアムである。

設立メンバーがAT&T、シスコシステムズ、GE、IBM、インテルといった伝統的な大企業であることからもわかるように、あくまでもメーカー系の企業コンソーシアムだが、実用化のためのテストベッドやユースケースを追求する普及機関で、当初のGE社のインダストリアル・インターネット構想から性格が大きく異なってきている。標準化機関ではなくリファレンスとなるプラットフォームを開発したり標準化への影響力を行使する、よりオープンな枠組みとなることを目指している。

現在の日本は、社会基盤の老朽化やエネルギー危機、災害の脅威、医療体制の懸念、高齢化社会、食の脆弱《ぜいじゃく》化など、いろいろな国家的課題であふれている。そこにはインダストリアル・インターネット的な予防修理のコンセプトにより解決、もしくは緩和される課題も多い。

道路を始めとする重要社会基盤のインフラ老朽化でも、IoTにより集まるビッグデータによって補修の必要な箇所が予測されれば、保全全体の効率化に繋がる。

長寿命電池、太陽光発電、微小振動発電の３つの方向から、インフラ管理のためのセンサーモジュールのための自律発電素子の研究も行われており、電池交換の必要なく長期にわたり自律的に動作するセンサーネットワーク用の自律モジュールの実現が近い将来に予

図2・8　高速道路の異常検知システム：道路の構造物に付けられたセンサーから時速80kmで走行するパトロール車輌に無線で異常個所を知らせる。詳しいデータは分析のためセンサーのある場所で読み取る（株式会社ネクスコ東日本エンジニアリング、YRP UNL）

想される。

センサーと自律電源と無線ネットワーク機能を備えたチップを使えば、橋梁《きょうりょう》や建造物で異常振動を検知すると通報するようにセットすることもできる。法面《のりめん》やトンネル内部などにセンサーモジュールを埋め込めば、検査用の車両が走行してデータを受信し、問題の出そうなところをピックアップできる（図２・８）。さらに災害時のインフラの被害状況を円滑に伝達することにより、災害復旧の効率化を図ることもできる。医療機関と交通機関との間の情報伝達がスムーズに行われれば、救急医療体制の懸念も消えるだろう。

IoTからIoEへ――場所の認識

ここまで述べてきたように、IoTの基礎は状況の認識である。先にトレーサビリティの基礎としてモノの認識の例を挙げたが、トレーサビリティもモノを認識するだけでなく、そのモノが「いつ、どこで」という、時間と場所の認識とともに「どう処理されたか」といったことを、ビッグデータとして記録することが基本である。またインフラ管理では、さらに「どこで」が重要になる。

「いつ」の方は――高度な保証を求めない限り――スマートフォン等の端末内蔵のシステ

ムクロックで簡単にわかるが、「どこで」の方は簡単ではない。汎用的な位置測定技術としてGPSがあるが、北緯○度○分○秒、東経○度○分○秒というような絶対位置より、一般には場所の情報——つまり「このビルは何ビルか」「今3階の会議室にいる」というような、「意味を持った空間」としての「場所」の情報を知りたいことの方が多い。また技術的に考えて、GPSは衛星に対する天空の見通しが必要で、必ずしもどこでも使えるものではない。

ここで重要なのは「特定し識別する」こと——ならば「場所」にucodeを付ければいい。先に述べたように、ucodeを付けてモノを認識する情報基盤の確立を我々のYRPユビキタス・ネットワーキング研究所で行っているが、それと同じ基盤を利用して場所にucodeを付けて情報をくり付ける。この手法をオープン化すれば、誰でもそのインフラを使い、場所や位置の情報の発信ができるような場所情報基盤となる。

モノにIDを付けてネットからモノを認識できるようにすることで「ネットに繋ぐ」のが、IoTの「モノのインターネット」の最初の意味だったが、ここでは場所にIDを付けてネットから場所を認識できるようにすることで「ネットに繋ぐ」のだ。

このように「ネットに繋ぐ」モノが単なる「物品——Things」でなく、例えば場所というようなケースも包含することを明示するために、ＩｏＥ――Internet of Everythingという言い方も、最近言われるようになってきた。

このようなＩｏＥの応用としてまず挙げられるのが、「マンナビ」（カーナビが車を誘導するのに対して人、Ｍａｎ〈マン〉を誘導する）である。

ｕｃｏｄｅを場所に付けることによって、空間を場所として構造化し情報を与えれば、それを利用して多くの人が自律的に（ひとりで）移動することを支援できる。ヒューマンスケールのナビゲーションでは、２つ並んだドアの先は違う部屋なのでドア位置は細かく見分ける必要があるが、部屋に入ってしまえばその中での位置はそれほど細かく必要ないというように、場合によって求められる空間認識の精度が異なる。

また先に述べたように、ビル内では絶対位置座標はあまり意味がない。ビル内や建物内の案内図が屋外の地図と大きく異なるように、位置座標的な正確性より、この廊下はどこに繋がっているという場所同士の関係性の認識の方が重要なのである。

ヒューマンスケールのナビゲーションでは、絶対位置座標ベースの「カーナビ」でなく、場所の意味に基づく「マンナビ」が求められる。マンナビでその場所の意味情報がわかれば、知らない場所に行っても、不安なく歩くことができる。

視覚などの障碍者がひとりで移動する場合にも、マンナビは非常に役に立つ。また、必要なだけの解像度と意味で場所を指定できるので、例えば「総務部のコピー機の隣の棚」といったものにｕｃｏｄｅを付ければ、それを送付先として指定することで、補充品をロボットで自動的に補充するような、マイクロ物流も将来は可能になるだろう。

目指すべき「IoE国土」日本

「場所に情報をくくり付ける」というコンセプトは、ちょっと考えれば、宣伝的な応用から、物流、観光ガイド、さらには緊急通報まで、さまざまな応用が考えられるのだ。食品や薬品のトレーサビリティについても、商品の流通のすべてのステップにおいて「いつどこで誰が何をした」という詳細な記録をとるのがその基本であり、「どこで」の部分を自動認識できる汎用的機構は大きな助けになる。

輸送の省エネの切り札として言われている「マルチモード輸送」などでも、コンピューターが自動認識できる標準的な場所識別子という概念が、そのオペレーションの自動化には必ず出てくる。そもそもセンサーネットワークでも、データをクラウド利用するならば、そのセンサー情報が「どこ」のものかが、ネットワークの中で一意に特定できなければ意味がない。

情報内容の保証の問題などさまざまな問題は抱えているものの、インターネットのオープン性は従来できなかったレベルで利用者自身が発信者となることを可能にした。利用者は決して受信のみのただの受益者ではない。助けられるだけでなく時には助ける存在でもあり、そのことがコンテンツの急速な充実を可能にした。

そして、ボランティアだけでなく、多くの実ビジネスを可能にする汎用的でオープンな基盤だったからこそ、資金が投入されインフラが整備され、要素部品が進歩することでコストが安くなり、ユーザが増えそれがまた環境全体の魅力を増すという良循環に入ったのである。

それと同様にオープンなＩｏＴの基盤として、場所のオープンな識別インフラができれば、多くの可能性が出てくるだろう。国がすべてをやるのでなく、国はインフラの確立を行い、情報の書き込みを許し、あとは多くの人々の参加を期待する。国が発信すべき情報とボランティアやビジネスなどやりたい人たちが発信する情報の両方が、この基盤を共通に使うわけだ。

ガードレール、街灯など少なくとも国土交通省や地方自治体が管理しているすべてのモ

図２・９　ucodeRFID付き道路基準点（国土交通省）

ノの中に、場所ｕｃｏｄｅのタグ――ＲＦＩＤや赤外線または無線を使ったマーカーを入れたい。住居表示の中にも入れ、三角点と言われる地表に埋めた基準点にも入れることが進んでいる（図２・９）。

　すでに、国土を３メートル角のメッシュで区切りｕｃｏｄｅを振ることを国土地理院では行っており、位置座標や住所などのさまざまな場所記述方式をｕｃｏｄｅをキーとして相互変換できるようなシステムを確立しようとしている。

　工事で使われるコーンにも最近はＬＥＤが入って光るものがあるが、それを少し進化させて情報を発信させれば、まるで電子の「結界」を張るような感じで、危険なエリアに関する情報や工事期間、迂《う》回路《かいろ》などの情報をクラウドに

図2・10　コーンに入れたucodeからスマホに工事情報が送られる（YRP UNLでの実験）

「アップ」し、各自のスマートフォンで簡単に確認することができるようになるだろう（図2・10）。

日本中を世界で最先端の「IoE国土」にして、それにより「ユニバーサル社会」を実現するという計画もある。東京・神戸・青森・名古屋・静岡・熊本などでも実証実験を行った。標準仕様を固め、それをオープンにして公共の道路、建物などから整備を行い、また民間での利用も振興し、「場所情報インフラ」を確立したい。そして今後10年ぐらいをかけて、日本全国を世界でも稀《まれ》な「IoE国土」にできるよう努力し、世界に日本が確立させた新しい仕組みとしてみせたいと考えている。

我々が日常目にする点字ブロックは、物理的突起という形で場所に情報を結びつけることを、目の不自由な人のために行った。これは、１９６５年に三宅《みやけ》精一《せいいち》氏という岡山市の篤志家が発明し、それが今や欧米でも認められ“Tactile Ground Surface Indicator”として徐々に広がり、世界中の視覚障碍者の助けになっている。まさに日本発のコンセプトによる世界貢献。すべての人のために進んだＩｏＴの技術を使い、場所に情報を結び付ける――場所情報基盤やｕｃｏｄｅもその先人にぜひ続きたいと考えている。

建築のＩｏＴ化でプログラムできる環境を

このようにＩｏＴは、現実の世界の状況と深い関係にある。そのため、オープンなＩｏＴにおいて考えるべき枠があるとしたら、それはメーカーや応用の枠でなく、どこにあるかという場所の枠の方である。

ＩｏＴ化した時に、特定のメーカーの製品間や特定の応用むけの製品間でしか連携できないのと、ある部屋の中のＩｏＴ対応製品間すべてが連携しているのとどちらが有用かといえば、当然後者であろう。その意味でＩｏＴの応用を考えるなら、「ＩｏＴの空調応用」という捉え方よりも「ビルでの応用」「住宅での応用」「駅での応用」といった、建築単位で考える方が発想が膨らむ。

建築の譬《たと》えで言えば、現状ではビルのエレベータは独立したひとつの組込みシステムで、エレベータを制御しているコンピューターが読み取っている状況は、自分の管理下にある各階の呼び出しボタンの状況と、個々のエレベータのケージの位置と移動方向と重量だけだろう。

これに対して、ビル全体がＩｏＴ化してビルというひとつの建物全体でひとつの組込みシステムとして働くようになっていれば、例えばエレベータホールの動体センサーでホールで待っている人間の数——さらにはビッグデータ解析による、その時間帯とフロアの人口分布による、移動予測といったものまで最適制御に利用できる。

エレベータ数の多いビルでは、群制御により、相当度の運転効率化が可能になる。個々人の日々のエレベータ待ちで減らせる時間はひとつひとつは小さいかもしれないが、長い目で全体としてみれば大きな効率化であり快適化にも繋がり、少ない人数しか乗らない無駄の多い運転が減らせれば、積もり積もって無視できない省エネになる。

これらのコンセプトの研究のためのプラットフォームとして作られたのが、私の研究拠点である東京大学のダイワユビキタス学術研究館である（図２・11）。主要な設備機器や

図２・11　東京大学大学院情報学環ダイワユビキタス学術研究館

環境制御機器等はネットワークに繋がれ、オープンなＡＰＩ——Application Programming Interface でビルがどのような状況にあるのかという情報の読み取りと制御ができ、例えば照明をつけたり消したりといった指示が可能な、プログラムを書くことで多様な自動制御ができる「プログラマブル建築」となっている。

ＡＰＩとは、あるシステムを外部のプログラムから制御するためのインタフェースであり、学術研究館を使うスタッフなら全員がプログラムできるので、日々の不便をプログラムを書いて解決できるし、その過程で新しいアイデアも生まれるだろう。音声認識で設備機器を制御したり、室内カメラの画像認識によりジェスチャーで制御したり——さまざまな技術をすぐに実際の居住環境で試すことができることは、ＩｏＴユビキタス研究のために大きな力になる。

具体的には「ダイワユビキタス学術研究館ＡＰＩ」として現在、警報、屋外センサー、屋内センサー、照明、空調、エレベータ、電力消費、位置認識という8系等のＡＰＩ群が提供されている。

この中で、位置認識は、建物の入口、各部屋のドア、エレベータホールに設置されたｕｃｏｄｅ ＢＬＥマーカー——ｕｃｏｄｅをスマートフォンが読み取れる Bluetooth Low

図2・12　廊下に付けられた各種センサー、ucodeマーカーなど
（東京大学大学院情報学環ダイワユビキタス学術研究館）

Energy仕様の電波で１秒に３回ずつ発信するマーカー——を受信することで、受信者の位置決定ができるAPIだ。

また、無戦LANのアクセスポイントも測位に適した箇所に設置されており、そのシグネチャ（無線LANの電波の場所ごとの強度変化のデータ）による位置認識も利用できる。

さらに、これらのAPI自体も、研究開発に応じて随時追加予定であり、今後、回路・コンセントレベルの電源個別管理、電気錠、監視カメラ画像、ホールのプレゼンテーション機器のアクセスAPIが計画されている。また、多様な技術を導入できるように、天井板を貼らずにあらわにして、配線ダクトに固定することでセンサーやマーカーやカメラ等の機器を容易に追加設置できるような建物構造としている（図２・12）。

個人のタブレットやスマートフォンから環境制御するのが当然ということで、象徴的な意味もあって、例えば私の研究室には壁に一切スイッチがない。入室するだけで自動的に照明と空調が作動し、それらの調整もアプリから行う。人感センサーと連動して、スマートフォンの退出を感知しなおかつ部屋に人が残っていなければ、照明と空調を切るようになっている。

3、IoTによるサービス

サービス4・0

IoTの応用範囲は非常に広いが、その中で社会との密着度が小さい方が実現化は簡単である。工場における生産性の向上については、先に挙げたインダストリー4・0など、応用レベルで焦点を絞ったコンセプトが世界でも注目を浴びているが、それも実現が見えやすいからだ。特定工場だけというのから、特定企業、特定の系列企業群、特定の業界……という順で関係者が増えるほど、問題が複雑化する。

その意味でIoTが実現するのも、まずは「製造業」という特定応用分野でというのがインダストリー4・0だが、その他にも応用分野として、物流に注目するとか、医療に注目するとか——さまざまな応用が考えられる。その中で、インフラとして現在我々が注目しているのがサービス分野である。

2020年の東京オリンピック・パラリンピックがひとつのきっかけだが、それを除いても海外からの観光客の順調な伸びから見て、年間２０００万人達成は間近だ。２０２０年には３０００万人という予想も出ている。このような状況で、日本側の「おもてなし」体制の現状は、はなはだ不安ということで、２０１５年から始めたのが、ＩｏＴ的連携をベースとした新しいサービス体制のインフラ作り――私が「サービス４・０」と呼んでいるものだ。

インダストリー４・０は、蒸気機関の導入を第一次産業革命として１・０、モーター等による電機化を２・０、コンピューター等による電子化で３・０、だからＩｏＴ化で４・０だという。同様にサービス分野のエポックな革命でいうなら、電話という音声通信技術の導入で１・０、コピーやＦＡＸという文書通信技術で２・０、コンピューターやインターネットというデジタル通信技術で３・０、そしてＩｏＴ化で４・０という感じだろうか。個々のサービス分野ではいろいろな革新があるだろう。しかし、分野を超えて「サービス」という枠で言えば、その本質は情報通信であるからだ。

「良いサービス」――「おもてなし」の基本は、お客様を識別することから始まる。例えば気の利いた懐石料理の店なら、間をおかず訪れたお客様に対し前回と異なるお品書きで迎えるのは基本だ。それを実現するには、そのお客様が前回いつ訪れたか、その時のお品書きは何だったか、さらには食の好みとか、さまざまなお客様の情報を把握している必要がある。そのお客様を顔のない「客」ではなく、特定の「お客様」として識別することが「サービス」の基本であり、つまりは現実世界の識別と関連情報の記録と利用であり、その意味ではまさにIoT。いわば「IoG――Internet of Guest」なのである。

長年ひとつの店に通いつめれば、このIoGは人間により自然に行われる。人間は繰り返される状況を自然に覚えるようにできているからだ。街の定食屋でも通い慣れれば「アレお願い」で、話が通るようになる。しかし、優れたサービスの店ではしばらく間の空いた「裏を返す」（初見から2回目）のお客様でも、前回の注文や何が嫌いだったかといったことを覚えている。大変なことだが、だからこそ喜ばれ、それがその店の「おもてなし」の格ということになる。

お客様を識別すること、そして「お幾つぐらいか」「前回何を頼まれたか」「何がお嫌いだったか」「アレルギーはあるか」「お酒は飲まれるか」といった属性情報を的確にキャッチし、記憶し、それを次の機会に引き出し、それを活かす――つまりはIoT的な情報処理が「おもてなし」の基本であり、それを実現するための基盤がサービス4・0なのである。

２０２０年に向けた「おもてなし」の課題

先に述べたとおり、２０２０年の東京オリンピック・パラリンピックでは、世界から通常時の何倍にもなる多くの方々が訪れると言われている。しかも、この機会に初めて日本に来られる方も多い。また、普段日本に来る客層に比べ、日本語はおろか英語も通じない方も多いと予想されている。

当然、日本料理にトライする方も多いだろうが、そこでも多くのトラブルが予想される。「世界に広まった日本料理」と言われるが、それでも世界の人が食べ慣れている米国発の「グローバルスタンダード料理」に比べると、だいぶ異質なものが多いのは確かだ。日本人には馴染《なじ》みのない、食に対する禁忌をお持ちの方も多くいるだろう。

世界のネットワーク化により新興国にも中産階級が生まれ始めており、過去のオリンピック・パラリンピックに比べ、この期間に来られる方々の多様性の幅も今までになく拡大していることが予想される。お客様の方で旅慣れていればトラブルにはならないことでも、初めて異文化圏に来られる方も多いと予想されるオリンピック・パラリンピック期間中はとても不安だ。

さらに東京には、世界に冠たる複雑な都市交通がある。日本を普通と思っていると大間違いだ。世界の多くの都市で公共交通は自治体が一手に握っている場合がほとんどである。あの大都市のロンドンですら、ロンドン市交通局がバスから地下鉄から貸し自転車——さらにタクシーの管理までしている。

これに対し日本では早くから公共交通が民間化され、多くの私鉄が土地開発と連携して広がった。国鉄もＪＲとなり、新幹線の駅は東日本と東海でテリトリーが違い、地下鉄も東京メトロと都営地下鉄があり、それらが相互乗り入れし——文字どおり世界一複雑な都市交通網となっている。

２０２０年に日本に不慣れな大勢の外国人観光客がすんなり切符を買い、戸惑わずに移動する図はどう考えてもありえない。海外の東京ガイドブックでも、まず日本についたらＳｕｉｃａかＰＡＳＭＯを手に入れろとアドバイスしているくらいだ。

レガシーとなりうるサービス高度化インフラ

「おもてなし」を掲げた２０２０年の東京オリンピック・パラリンピックだが、予想される環境は非常に厳しいと言わざるをえない。当然、新しい難問があれば、新しい解決策もある。日本の場合、解決策として期待されるのがＩＣＴ（情報通信技術）だ。高度なＩＣＴで、先に述べたような難問に対応し、さらに満足していただける「おもてなし」ができれば、それはＩＣＴによる都市サービス高度化ソリューションとして世界に誇れるものになる。

実際、オリンピック・パラリンピックは確かに世紀の祭典だが、せいぜい1ヶ月にも満たない一過性のイベントでもある。大金を使う以上、大事な社会変革のきっかけとして利用すべきだ。最初の東京オリンピック（１９４０年）もゴミ収集から新幹線まで、現在の社会インフラの多くがこれをきっかけとして整備されている。

２０２０年以降は経済的にも揺り戻しで厳しくなると言われる日本だが、だからこそこれをきっかけに、その後もずっと価値のあるインフラを構築できるか――少子高齢化がより重くなる日本、海外からの観光の経済効果がより重要になる日本、そのための「レガシー」となりうる新たなサービス高度化インフラの確立を目指さなければならないと思う。

そのとき核となるのは、先に述べたように個人識別と個人属性の流通の機構であろう。

２０２０年に向けて、ＩＣＴ関係でも、すでに公衆無線ＬＡＮだけでなく、自動翻訳やデジタル・サイネージ（看板型情報端末）、４Ｋ・８Ｋ放送などさまざまな先進の要素技術が検討されている。しかし、それらもよく検討すると、利用するお客様の属性が適切に利用できればより活かせることがわかる。

例えば、初めて海外から来て、英語が使えず日本の食文化にも馴染みのない方であっても、その人が料理屋に来店した時に、「不自由なく使えるのはアラビア語のみで、豚肉は当然として他の肉もハラルされて（神に許されて）いないと食べられない、魚は大丈夫だがタコ・イカはダメ」といった属性が何らかの方法でサービス側にすぐ伝われば、可能な料理をすばやく組み立て、自動翻訳を利用してその提案と説明もできる。その段階までの意思疎通に時間がかかり、いろいろやりとりして結局満足な結果にならず時間が失われるなら、それはとても「おもてなし」と呼べないだろう。

既存インフラを積極的に活用

個人の属性情報をどうやってサービス提供者に伝えるかであるが、2020年までの5年間でできることは何かと考えた場合、すでに少額決済と交通チケットとして広く使われている既存の非接触ICカードをベースにするのが最も現実的な案ではないだろうか。というのは、何よりも、少額決済と交通チケットという「おもてなし」にとって非常に重要で、なおかつ実現のハードルが高い公共交通連携という課題がすでにクリアされているからだ。

そして、今や交通系ＩＣカードは駅、バス、タクシーといった交通からショッピングやレストランまで、都市生活者にとって生活の大半を過ごす場所に端末があり利用できるインフラとなっている。発行枚数の累計も１億枚を突破している。このようにデファクト・スタンダード化（事実上の標準化）した結果、対応端末も対応ソリューションも増え、最近ではホテルや病院や図書館などでもまさに識別インフラとして利用されるようになってきている。

いくらこれからより良い技術がでてきたとしても、ハードウェアとしてここまで普及したインフラを５年で再構築するのは非現実的だ。むしろ、このインフラにＩｏＴ的に機能を加える方向で考えた方がいい。そして、必要な機能の核が「識別」であるなら、ＩＣカードが基本的に内部に持っているＩＤを利用し、クラウド連携することでそれは十分可能なのだ。

プライバシーの概念とICカード

個人の識別という意味では、カード以外にもっと簡単なソリューションとして、近年技術進歩が著しいカメラによる顔認識の利用も考えられなくはない。顔認識なら、カードの入手といったコストやカードをかざすといった手間も完全になしで利用できる。

例えば、最近の最先端の自動販売機では前に人が立ち、商品表示画面を見ている状態で、筐体《きょうたい》上部に取り付けられたカメラセンサーが顔画像を読み取り、それを顔認識処理して「性別」「年代」というプロファイルを割り出し、他に「時間帯」と「気温」のデータという四要素を参考にして、オススメ商品を画面に表示する。しかし、現状ではこれを属性把握と記録には使っていない。多くの利用者が「自販機に行動記録が勝手に取られている」と感じて忌避《きひ》されるという懸念からであろう。

実際、このような自販機を作るメーカーでは、「カメラセンサー」や「顔認識」とは言わず「セグメントセンサー」(「利用者のセグメンテーションをするセンサー」の意)などの呼称で、当該センサーを説明しており、顔をカメラで撮るということをストレートに出した場合の反応について懸念していることが窺《うかが》われる。

一方で「勝手に取られる」という部分でICカードと顔認識を比較した場合、その積極性の方向性が違う。プライバシー面などでの不安が大きいのは顔認識方式の方だ。顔認識では主導権が完全に設置側にあるため、どの程度の情報まで取られているかがわからない。

その意味で、情報担体のカードを「かざす」という利用者の積極的行動でのみプロファイルがサービス側に伝わるＩＣカードの方が不安は少ない。そして、良好な読み取りのために注意が必要なバーコードやスロットへの挿入が不可欠で機械故障の可能性の高い接触型ＩＣカードに比べ、きっかけの行動が「近くにかざす」だけと気軽で確実な非接触ＩＣカードは、最小限の積極性でサービスを開始できるベストな解と言えるだろう。

組織や応用を超えたオープン性を

しかしそのような非接触カードにも課題がないわけではない。例えばＳｕｉｃａでは発行者はＪR東日本であり、そのカードは第一義にＪR東日本のサービスのために、第二にプリペイド機能で支払い提携した店舗での支払いに利用される。ＦｅｌｉＣａポケット等の内蔵機能でサービスの拡張はできるものの、それらもまた各サービスで閉じている。

そのため、例えばＪR東日本の定期券情報として性別や年齢が書かれていても、それを他のサービスで利用することは技術的にできない。そのこと自体はプライバシー的に望ましい仕様だが、逆に言えば利用者が望んでもできないということであり、異なるサービス毎に利用者は同じプロファイルの申請を繰り返すことが求められることになる。

例えばホテルのコンシェルジュが推薦したレストラン情報をカードの共通メモ領域に書き込み、タクシーでかざして利用者が開示を指示すれば、それがタクシーのナビに自動セットされるような機能は、外国人——特に、非英語圏の外国人観光客などにとって非常に有用な機能と思われるが、このようなことも現状のようにサービスにより完全に領域が仕切られているICカードでは実現することが難しい。

顔認識に比較し「かざす」レベルの積極性を必要とすることが一定の歯止めとなるとしても、かざした後のアクセス内容に対しては利用者側ではそれが不可視の電波で行われていることもあり、安全の確信を持つことが難しいという問題はやはり残る。組織や応用を超えたオープン性を持たせた場合、サービス提供者が必要最小限のデータのみにアクセスし、ほかの不要な情報を見ていないかなど不安はより大きくなる。

さらに、既存カードに後からサービスを付加できるインフラを前提にした場合、あるカードについて、どのようなサービスの利用が可能かは、記録内容が目に見えないICカードであるだけに適切な端末がなければ、外部から確認できない状態となる。このような状況は利用者にとって望ましくない。

カードを利用するサービスが、どのプロファイルを利用しているかがわかり、さらにはその利用を停止したり、サービスから積極的に離脱できる手段が用意されるべきだが、これについても、一度「かざされて」しまえばカード内の特定領域が完全にサービス提供者側の支配下に入ってしまう、現行のＩＣカードのアーキテクチャだけでは課題が残るといえる。

クラウド展開の可能性

さらなる課題として、非接触ＩＣカードの容量の制限もある。サービスデータ格納に使えるのは大容量のカードでも６Ｋバイト程度。高度なサービスの必要にあたっては、サービスを付加すればすぐに容量オーバーになる。

近年のサービスでは、マークアップ系の言語記述で各種のデータをできる限りデータを見るだけで、そのデータの意味までわかるようにメタデータを付けた形で柔軟に利用できるように保存することが主流となっている。これはモバイルデバイスですら普通に10Ｇバイト以上のメモリを持ち、さらにネットワークの常時接続によりクラウドが利用できるようになり、データの保存コストがますます小さくなる傾向を反映した結果である。それら一般のサービスとの連携において、数Kバイトの容量制限はサービス拡張において大きな懸念事項となるだろう。

これらの課題の解決について、我々が現在考えているのが現行のＦｅｌｉＣａ系ＩＣカードを利用したクラウドサービスである。これは簡単に言うと、個人属性データをＩＣカードの中に入れるのではなくクラウドコンピューターの中に入れようということ。交通系ＩＣカードを単独で使うのではなくネットに繋ごうということ。まさにＩｏＴ的な解である。

ＦｅｌｉＣａ系ＩＣカードだけでは、サービス毎にエリアを切る以上の高度なガバナンス管理は難しい。それを図２・13のような形で、ＩＤｍというカードに物理的についている製造番号のような——製造されたＩＣカードひとつひとつにつけられている異なる番号をネットワークに投げることで、クラウド連携させる。具体的には、その番号とクラウドコンピューター内に格納された個人の属性情報を紐付けて、属性の管理からサービスのガバナンス制御（誰がどの情報を使っていいかの制御）までを、すべてクラウド側で処理する。

ＦｅｌｉＣａ系ＩＣカードのアーキテクチャは、現在のようなネットワーク時代より以

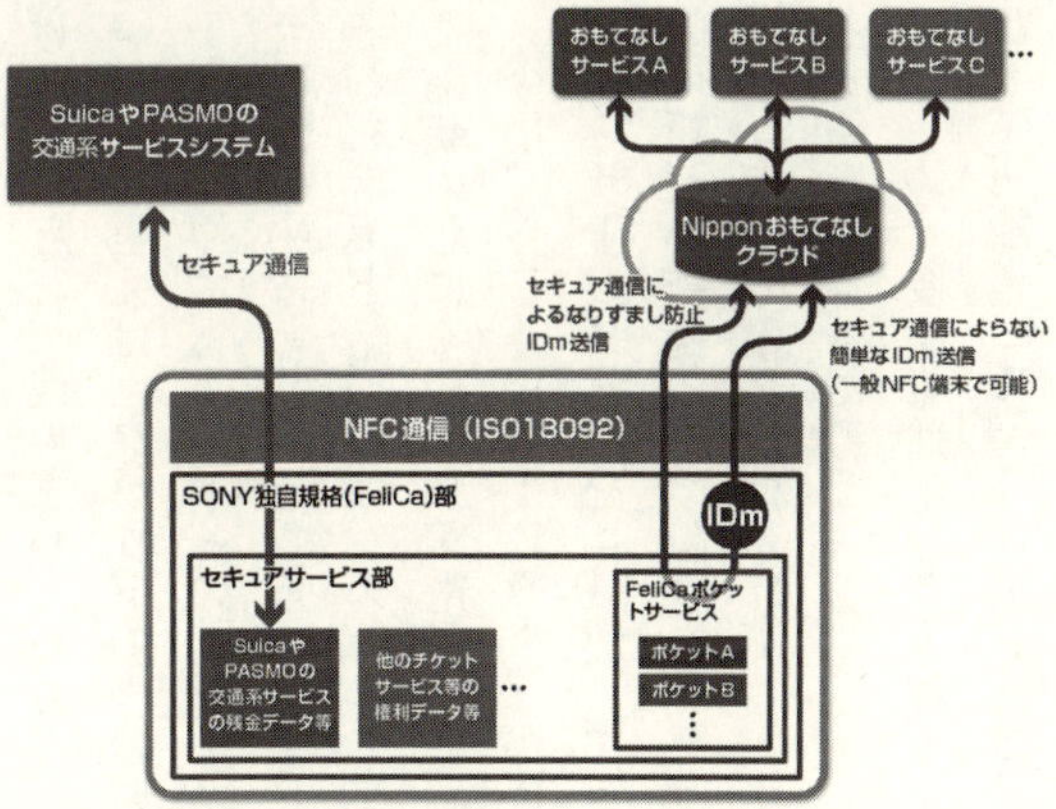

図2・13　FeliCaのIDmからおもてなしクラウドへ

前に設計されたもので、ローカル処理を基本としているので当然限界がある。しかし、逆に言えば常時ネットワーク接続時代なら、「識別」――現実世界の個人からクラウド世界への橋渡しだけをカードが担ってくれれば、後は大容量かつ高機能なクラウドコンピューターのパワーを使うことができ、多様な展開の可能性が出てくる。つまりは、カードのIDにより、IoT的なやり方でネットワークを通してクラウドに繋ぐという考え方なのである。

このアーキテクチャでカードが実現するのは「識別」のみで、顔認識と違い個人の「特定」ではないことに注目して欲しい。ひとりで何枚もカードを持ってもいい。受けるサービスごとに別のカードを出して属性を分散させたり、逆に1枚のカードを言語や宗教禁忌といった家族全体で共有する属性に絞ってサービスを受けるものとして使いまわしてもいい。

さらに言えば、クラウドの中の属性エントリーと個人を結びつけるという意味では、カードでなくてもよい。その「識別」さえできれば、このサービスは受けられる。本質はクラウドの中にあり、そちらは、IDmでなくucodeでサービス対象を識別している。それを現実と結ぶには、スマートフォンの端末IDや、他の種類のICカードや、とにかく偽装のしにくいIDが電子的に読み取れる情報担体があればいいのである。

今後、もし非接触ICカードが技術的に古くなり置き換えられたとしても、ネットワークからサービス対象を「識別」するというサービスの必要はなくならない。そして、その時は新しい技術の持つ識別をクラウドの中のucodeで管理された属性エントリーと紐《ひも》付《づ》ければ、このクラウドはずっとオープンなサービスのためのインフラとしてレガシーであり続けられるだろう。

むしろ、今後も進化しうる現実とのリンク技術とネット内のサービスをデタッチ（切り離し）可能にして個々に進歩することを許す——そのための基盤として、重要なサービスインフラとなりうるのである。

クラウド化で実現するさまざまなユースケース

都市サービスの高度化の核として重要なのは「情報は英語で」とか「生魚は食べられません」などの利用者固有の属性情報の管理と、その情報の適切な流通である。これを今まで述べてきた「おもてなし」のためのインフラを使いクラウドで実現するとどんなことができるのか。

そのインフラと現実世界のユーザを結ぶものとしては、例えばスマートフォンやＩＣカードとか多様な手段がある。各手段ごとに信頼度は違うので、サービスの求める信頼度との関係でどれを使うかは決める。しかし、２０２０年に向け、最も普及し入手も利用もしやすく、信頼度とのバランスもいい非接触型の特に交通系ＩＣカードは説極的に利用したい。

既存のＩＣカードを、ＩＤｍの利用でクラウド連携カード（通称「ＮｉｐｐｏｎおもてなしＣａｒｄ」と呼ばれる）化した場合に可能になる都市サービスの高度化の可能性について、いくつかのユースケースのシーンを提示して、本章のまとめとしたい。

①カードのみでも道案内

カードに結び付けられたさまざまな属性情報を統合的に利用し、最適の道案内が、都市に置かれている公共の情報端末（これをデジタル・サイネージとか単にサイネージという）にICカードをかざすだけで行える。駅のサイネージであっても、切符の情報だけでなく、言語属性や身体属性、例えば小さな文字が読みづらいなどといった利用度の高い共通属性情報をカードを介して得られることで、大きな文字で表示する等の対応が可能になる。

町中に置いてあるサイネージから情報を得るのにいちいち言語情報を入れる必要はない。カードをタッチするだけであらかじめ入れておいた言語で情報が出てくる（図2・14）。サイネージの自動機能だけでは解決せず、人間系のサポートを呼び出した場合も、ICカードにより利用者の属性が事前にわかっていることで、より適切なサポートを受けることが可能になる。

②チケットから行き先を推測しての案内

カードに美術館等のチケット情報が結び付けられていた場合は、そこを行き先と推定し、そこへの最短経路案内が、公共のサイネージにICカードをかざすだけで行える。このよ

カード一枚で道案内

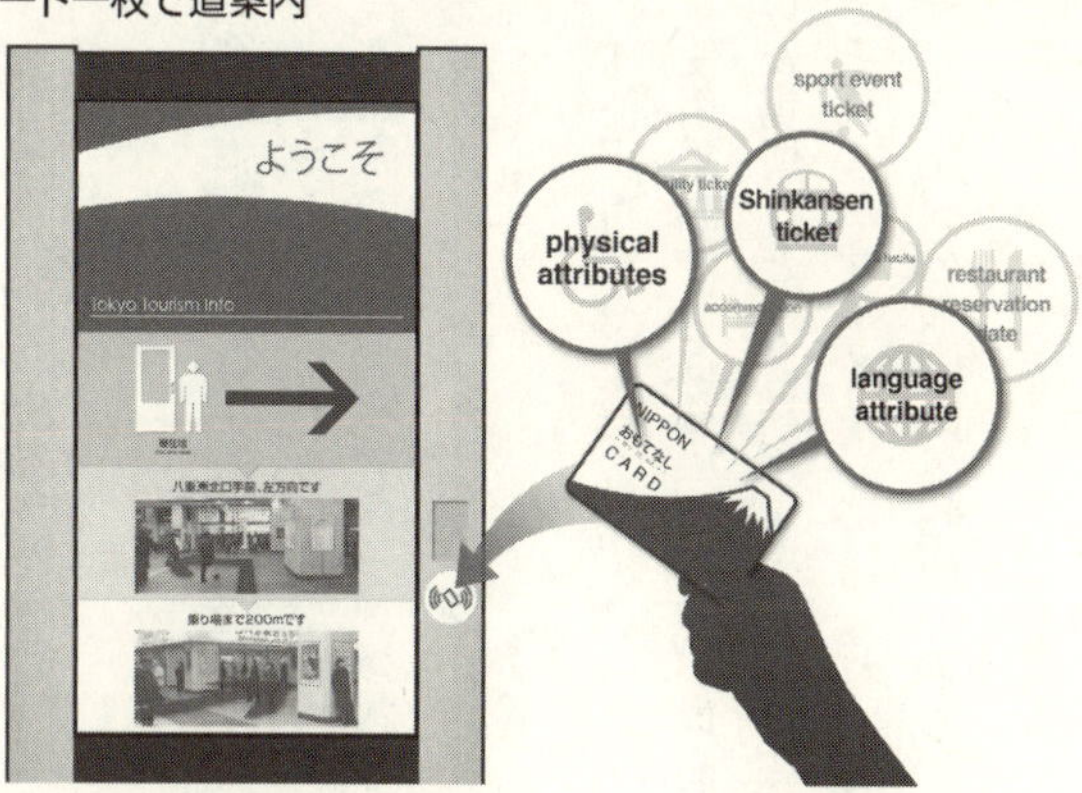

カードでサイネージの情報を最適化

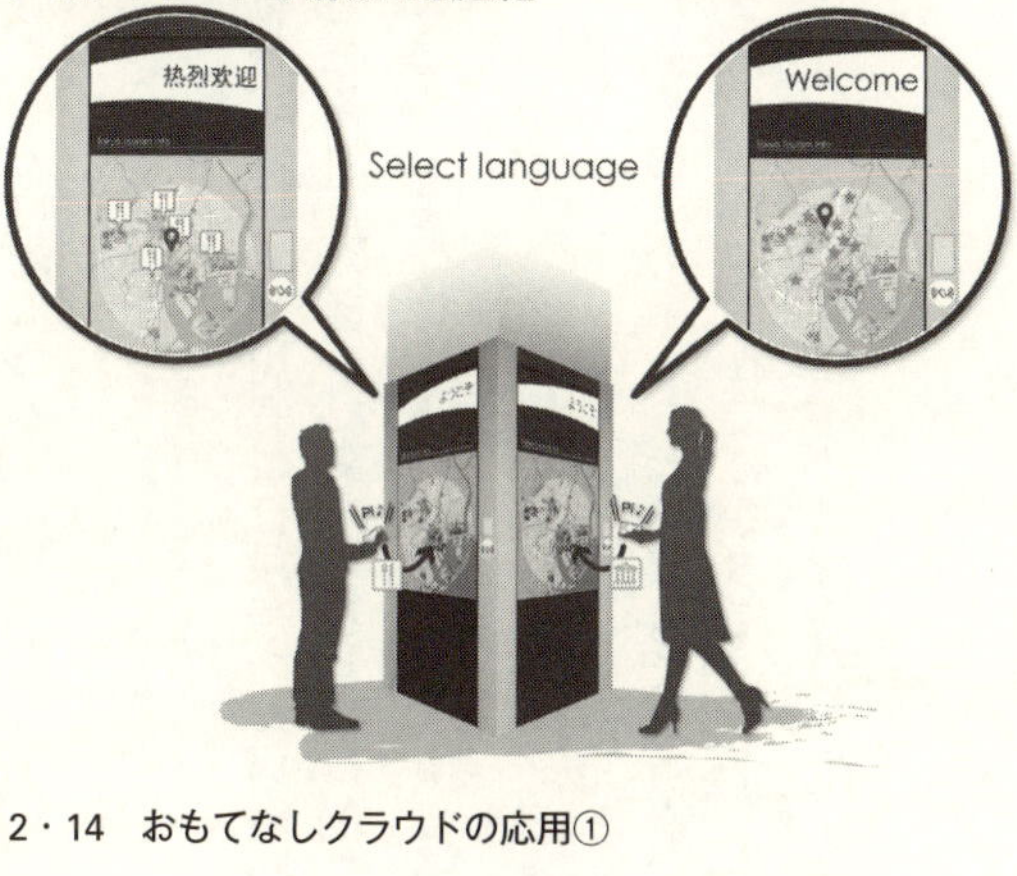

図 2・14　おもてなしクラウドの応用①

うなサービスは交通機関等が管理する公共のサイネージが、美術館等の他組織のシステムとクラウド連携し情報利用の承認を得ることで可能になる。

③身体属性に応じた経路案内

カードに身体属性が記録されていた場合、車いす利用者には段差のない経路を図示し、視覚障碍者には点字ブロックのある経路を各国語の音声で案内するといったことが、公共のサイネージにICカードをかざすだけでできる（図2・15／上）。

④使用言語やブックマークに応じた案内

使用言語や、さらには自分が以前に自分の端末のネットサービスでブックマークしておいた場所など、各利用者の属性情報がクラウド管理されているので、カードをかざすだけでそれらがサイネージに送られ、それに合わせた案内が、まるで自分の端末を使うようにサイネージの大画面で利用できる。

⑤免税手続きの簡単化

身体属性に応じた経路案内

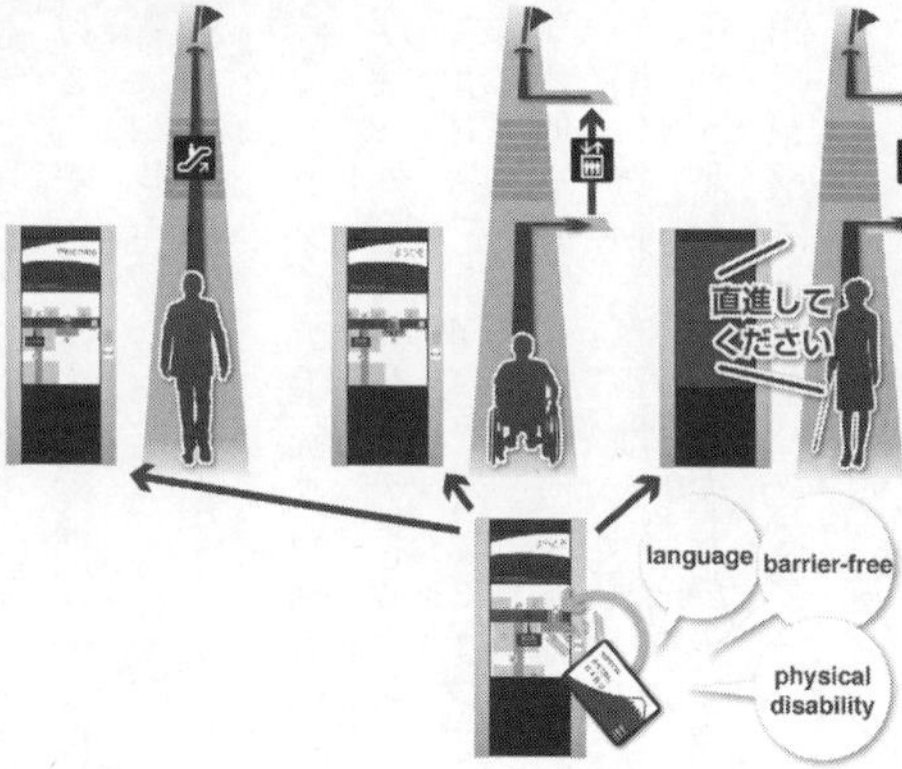

免税手続きを簡単に

図2・15　おもてなしクラウドの応用②

買い物時に外国人客がカードや端末をかざすだけで、パスポート情報を含む免税のための記録がクラウドに蓄積され、帰国時には空港の免税手続き端末でカードや端末をかざすだけで、その外国人客の滞在中の買い物記録がまとめられ免税手続きが自動一括で処理される（図2・15／下）。

⑥チェックイン手続きの簡単化

現状、外国人客がホテルでチェックインする時に必要なパスポートのコピーは、実物のパスポートを事務室に持って行ってコピーするといった処理を行っており、客側も不安でホテル側も時間がかかりチェックインが滞る原因となっている。

事前に登録し真正性を保証されているパスポート券面を、ホテル側の端末にカードや端末をかざすだけでクラウドから呼び出し、顔写真等を確認したあとはボタンひとつでホテル側の記録にコピーできる。

⑦コンシェルジュのメモをタクシーで利用、帰りも安心

公共交通機関では公共のサイネージを利用するが、タクシーでは今のＩＣカードによる

支払いシステムを拡張したタクシー内のサイネージをサービスで利用できるようにする。

ホテルのコンシェルジュが推薦したいくつかの店をめぐるような場合、推薦した店をめぐるたびにタクシーに場所を指示するといったことは面倒だし、それが外国人客の場合、言語の問題で大きな負担になる。

このような場合、クラウド化したＩＣカードで、複数のサービス提供者が利用できる共通利用のメモ領域を確保し、コンシェルジュが書き込んだ地点情報をタクシー内の読み取り機で読み取る。その中から利用者が選択するとそれがタクシー運転手に提示され、カーナビのセットまで自動的に行うといったことができるようになる。

また、ＩＣカードにある言語情報を利用して、到着予定時刻を利用者の言語でタクシー側から伝えるといったことも可能になる。さらに帰還時にも、宿泊情報を利用してホテルへの運転指示を不安なく行うことができる（図２・16／上）。

また、同じメカニズムを使い、服の採寸を他の店でやってもらった結果を記録しておいて、他のサービス現場で利用するといったことも可能になる。

⑧嗜《し》好《こう》や宗教に合ったレストランの案内、メニューの事前確認、クーポン発行

好みや宗教禁忌等の属性情報をＩＣカードに紐付けておくことで、公共のサイネージを利用してのレストランやショップ検索をよりスムーズに行うことができる。また、サイネージの広告から店に行くと決めた場合など、ＩＣカードをかざすことでクーポンを取得し、店でもかざすだけでクーポンを使うといったことも簡単に利用できるようになる。

⑨サービス現場での属性確認により間違いのないサービス

アレルギーや宗教禁忌等の属性情報をＩＣカードに紐付けておくことで、レストラン等のサービス現場でそれを店員の端末にかざすだけで、海外からの観光客や障碍のある方など言葉の疎通が不安な場合でも、適切なサービスが確実に受けられるようになる（図２・16／下）。

お客様に対しサービス現場で作るサービス記録もＩＣカードに紐付けておくことで、２回目以降の来店時も、細かい好みや、前回出したメニューと異なるものを言われた時の対応など、より適切なサービスが可能になる。

⑩博物館周遊券やファストトラックなどの多様なチケットサービス

コンシェルジュのメモをタクシーで利用

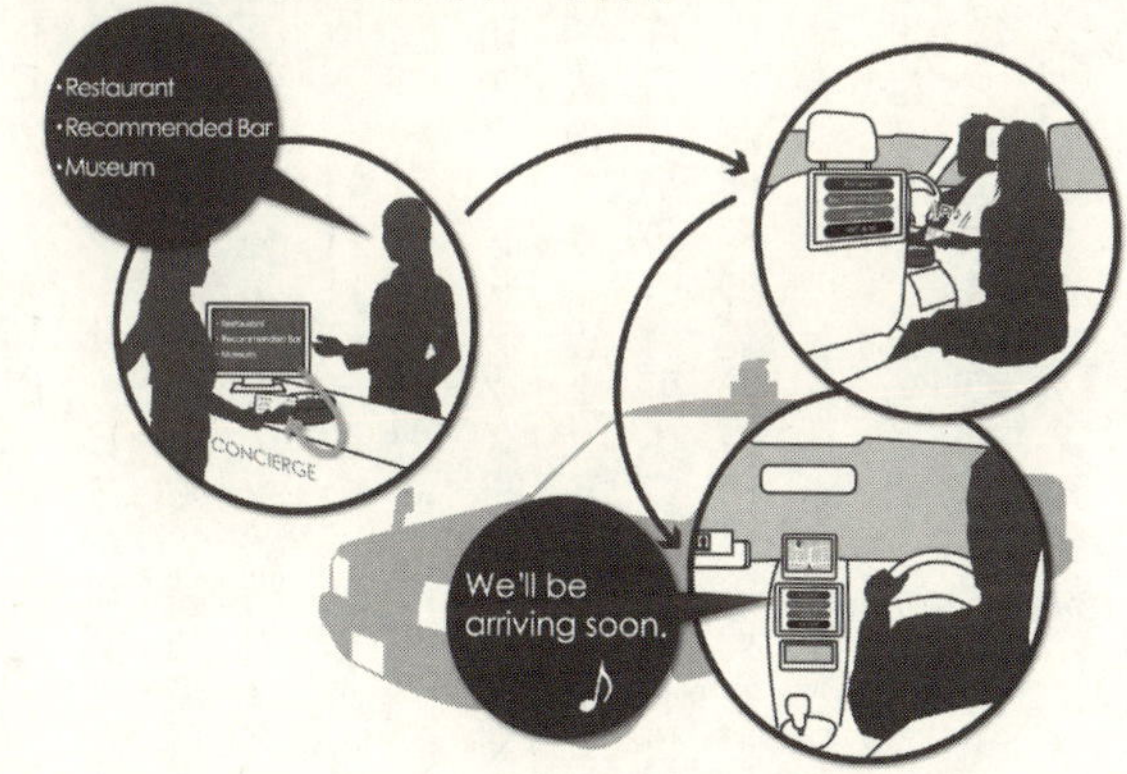

安心・信頼できるサービスの実現

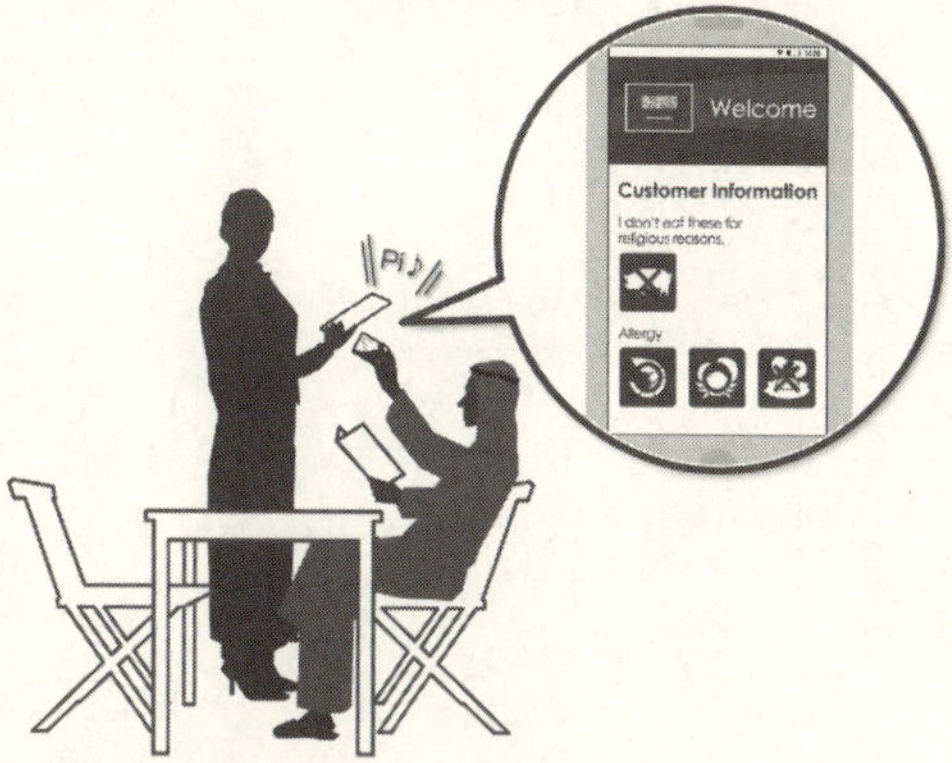

図2・16　おもてなしクラウドの応用③

ＩＣカードを利用することで、複数の博物館の周遊券や、関連博物館の割引サービス等、多様なチケットサービスが可能になる。博物館・美術館で入場に手間取るのは多くはチケット購入の会計時である。特に海外からの観光客にとって慣れない通貨や慣れない表示の読み取りが必要なチケット購入は大きな負担になる。ＩＣカードを利用し事前購入したチケットを紐付けることで、ファストトラック的簡単入場が可能になる。

⑪ファストトラック的無線ＬＡＮ提供

一般のフリーＷｉ‐Ｆｉではチャンネル混雑により実質的にサービス不能状態になっていることが多い。事業者のコスト負担によるフリーＷｉ‐Ｆｉ提供でそのような状況を解消するには、事業者のビジネスモデルに対応する必要がある。

ホテルやレストランでは電波の漏えいがあるので、場所的にフリーライダーを制約することは難しい。そのため、サービスの対価としてのフリーＷｉ‐Ｆｉ提供では、サービス対象を限定する必要がある。その場合利用が簡単であることが重要で、ＩＣカードを利用することでプロファイルを提示できれば、カウンターでカードをかざすだけで、簡単にファストトラック的無線ＬＡＮ利用が可能になる。

⑫チケットと現在位置に合わせて移動を促す案内

列車の指定席乗車券等の利用の時間制限が明確な場合、その制約情報を駅内での案内アプリ等の他のサービスで読み取ることで、現在位置からの移動に関する出発のリミット時間に合わせ、アラームを鳴らすと同時に案内を行うといったことが可能になる。

⑬海外からの旅行客の災害時支援、故郷への自動安否通報

非常時の連絡先の情報をクラウドに預託しておくことにより、ＩＣカード利用者が万一の事態になった時、また災害時に避難所で言葉が通じない時、さらに携帯網が遮断されたような時も、避難所の電池利用の防災サイネージ等にカードをかざすだけで、最低限の安否連絡を行うことができる。また、重大な既往症があるときなども、書き込んでおけば意識がなくても医療関係者に伝えられる。

ＣＲＭからＶＲＭへ

最後に、このようなシステムで心配される方の多いプライバシーの関連を述べておきた

い。重要なポイントはこのシステムが基本、利用者側からサービス提供者に「要求」を伝えるシステムであるということだ。伝えたい事である以上、適切な相手に伝わるならそれはプライバシーではない。その意味で、管理の主体性はむしろ利用者の側にあるのだ。「私は英語しかわからないので英語でお願いします」のような1回入力した要求を何度も何度もサービスベンダー（提供者）ごとに入力することを求められるのは面倒だ。そういう問題意識から、最近注目されているのがVRMという考え方だ。

以前からある「CRM──Customer Relationship Management」は、基本が「サービスベンダーが主体となって、自らに属するカスタマー（顧客）を管理する」という思想の情報システムである。例えば各種のポイントカードがその典型で、ベンダーがカスタマーを管理する──さらに強い言い方をすれば囲い込むための標識付けだ。

それに変わる概念として出てきた「VRM──Vendor Relationship Management」は、まさに管理の向きがCRMと真逆。カスタマーが自分に関係するベンダーを管理するという考え方だ。2020年に向け今計画している「おもてなし」のためのインフラは、まさにそのVRMの具体化である。

カスタマーが主体的に自らの属性情報を管理し、どのベンダーに流すかといったことをコントロールできる機能がＶＲＭの中心である。具体的にはＩＤとパスワードでもなんでもいいが、とにかくひとつの「識別」の入り口から入れるクラウドサービス内で、カスタマーが自分の属性を主体的に管理し、そこから複数のサービスベンダーを紐付けて管理する――それが基本だ。自らに関するサービスをひとつのポータル（玄関）サイトで統合的に管理し、サービスベンダーが連携をとることを許すことで、複数のサービスをカスタマー目線で組み合わせて利用できるようにする。

このようにサービス属性情報について、利用者の許諾のもとに複数のサービスで利用できるようにさせ連携を可能にするオープンなＶＲＭシステムを、交通系ＩＣカードを基本にした、さまざまなＩｏＴ的手段でお客様とクラウドを結ぶことで実現する――それが2020年に向け、今総務省を中心として計画している「おもてなし」のためのインフラ都市サービスの高度化、ＩｏＴおもてなしクラウドを活用したサービス連携なのである。

第3章　オープンとクローズ——日本の選択

1、オープンのインフラがもたらす世界

ベストエフォートとギャランティ

何らかの目的のための情報システム、例えば製造管理や在庫管理システムを開発するとする。この開発を特定の企業の中だけで行うなら、関係者だけで、どのようなものにするのかとか、どうやって開発するのかの「すりあわせ」のための協議を行い、システムの仕様を決定して開発すればいい。しかし、関係者が増えると「すりあわせ」は大変になる。

初めは使っていなかった部門の人にも後から使ってもらうことを想定すると、システムの対象範囲を広げることを考えねばならず、後から参加する人も不利にならないように、何がしかのルールを作り、そのルールに従えば誰でも参加できるというオープン性が求められる。製造管理システムと言っても作っているものが違えば、システムに対しての要求は違ってくる。

さらに使うだけでなくシステムの稼働に複数の関係者が関わるようになると、誰も全体

に対して責任が取れなくなってくる。そこでこのような場合、責任分界を前提とした「ベストエフォート」という考え方も必要になってくる。

ベストエフォートとは参加する人はできるだけ努力するが、システムの機能について誰も保証はできないという考え方だ。つまり最高責任者はいない。それに対して、特定の主体がシステム全体に責任を持ち、機能を保証しようとする体制を「ギャランティ体制」と呼ぶ。

例えば、鉄道は基本的には特定の会社が車両から線路、駅、要員までのすべてを管理し、運行に責任を持つギャランティ体制で運用されている。これに対し、道路網は基本の道路すら国道から県道、私道まで管理者がさまざまあり、道路は繋《つな》がっているにもかかわらず全体に対しての責任者はいない。

国道については確かに国土交通省が責任を負う。しかし、その先、誰がそのインフラを使うかについてはオープンである。道路管理者は通行に責任を持つが、そこを通るもの自体には責任を持たない。

逆にトラック会社が道路を使うとき、サービスに責任は持てても、道路というインフラが正しく働くことまでは責任を負わない。つまり、トラック会社は運ぶものに責任を持っても、通行には責任を負わない。

道路では、警察、自動車メーカー、整備会社から運転者自身、さらには歩行者まで、その運行にはさまざまな責任主体が関係する。全体に責任を持ち結果を保証できる上位の主体はどこにも存在しない。つまりは「前方注意は運転者の責任」というように、責任を分界し、それぞれの範囲で各自が可能な限り努力するという、ベストエフォートを信頼してはじめて社会的に成り立つ、ある意味非常に脆弱なシステムなのである。

しかし、脆弱であるからこそ、同時に柔軟と考えることもできる。自動車は動き始めてから行き先を決められる。また行き先が決まっていても途中で美味しそうな食堂を見つければ、そこで食事にすることもできる。それに対し、鉄道では時間も止まる場所も厳密に管理して運営され、そのような柔軟性はまったくない。

鉄道はどこかの線路が災害で埋まればその区間は使えなくなる。それに対して、道路網はどこが埋まっても、多くの場合迂回して先へ行ける。それも脆弱性と裏腹の柔軟性であり、ある意味、完全にサービスが止まらないという意味で強靭だと考えることもできるのである。

このようにベストエフォートで運用され、脆弱ではあるが同時に柔軟であり、柔軟であるからこそ強靭な情報通信システムの典型が「インターネット」である。よりよいシステムにするため関係者が「ベストエフォート」を尽くすのは当然としても、例えばインターネット上で流通しているすべてのコンテンツの内容まで含めて、無限責任を取る主体の存在を期待するのは――たとえそれが国であっても――非現実的である。

逆にそれを求めれば、ことなかれ主義で、すぐ出せる情報すら出なくなる例は多い。「責任分界」や「ベストエフォート」と表裏一体の「オープン」という考え方が、これからのＩＣＴ（情報通信技術）を中心とする社会システム設計においてはむしろ必須といえるだろう。

インターネットが世の中を大きく変えたのは、インターネットの基本哲学が「オープン」だったからと言っても過言ではない。「オープン」とは、所与の公的ルールに従うことを条件に誰でもが参加し何にでも利用できるということだ。インターネットは「プロトコル」という通信のための決められた手順、ルールさえ知っていれば、参加する個々が互いを知らなくても、誰とでも通信でき、多様な応用が可能となる。

そしてＩｏＴの世界においても、この「オープン」という考え方が重要だ。インターネット的な「オープン」こそがこれからのＩｏＴの課題であり、「閉じたＩｏＴ」を越えて

ＩｏＴも「インターネットのように」なることが、「世の中を大きく変える」にあたり必要になる。

ＩｏＴを21世紀の社会基盤にするため、その実現にあたっては技術設計と同時に、責任分界点を明確にする必要がある。その意味でまさにオープンであることが、制度設計上も重要なのである。

ＴＲＯＮのオープン哲学

１９８４年から、東京大学の私の研究チームを中心として産学協同で「ＴＲＯＮ（トロン）プロジェクト」と呼ぶ自動車、産業機器、家電製品などに組込むコンピューターを作るプロジェクトを始めた。ちょうど、マイクロコンピューターの産業応用に関心が高まっていたときであった。

マイクロコンピューターのソフトウェア開発は大変だったので、それを楽にするためリアルタイム（実時間、必要な時間に応答が返ってくる）ＯＳ（オペレーティングシステム基本ソフト）を含むオープンな組込み開発環境の標準化に力を入れた。しかし高度化したとはいえ、当時のマイクロコンピューターの計算資源の制約は、現在に比べはるかに貧弱であった。

極限まで性能を出すには、世界でその当時でも多々出てきた個々のマイクロコンピューターのアーキテクチャ（方式、原理、建築の基本設計にあたるもの）に合わせたＯＳの実装が必要であったため、あらゆる情報を公開、オープンにしてマイクロコンピューターを使った産業機器や家電の開発を行う人を助けることにした。ソースコードはサンプルコードとして隠すことなく、どうやってマイクロコンピューターを使って機器開発をするか、すべての情報を出す「オープンアーキテクチャ」という路線で進めてきた。

先に述べたこととレベルは違うが、哲学や思想は同じである。まさに私の考え方もオープンにして世界に新しい技術を広げるということであった。

オープンソースとオープンデータ

その後、組込み用のマイクロコンピューターの計算資源も豊かになった。それに応じてコード規模が増大し、計算資源を倹約するよりソフト開発コストを下げる方がいいという時代になる。

極限まで性能を出すことが必要な――例えば宇宙関係の機器もあるが、標準化によるソフト資産の流通の方が重要という民生機器もあるということで、ソースコードの一本化という、異なるマイクロコンピューターであっても同じＯＳのソースコードを使うことも行った。

30年経ってみると、情報処理系のＩＴ分野でもＵｎｉｘ（ユニックス）、Ｌｉｎｕｘ（リナックス）の系列、Ａｎｄｒｏｉｄ系も含めて、オープンソース系の基幹ソフトウェアのプレゼンスは揺るぎないものとなっている。

米ガートナー社の調査によると「オープンソース運動（Open Source Initiative）」の始まった１９９８年には10パーセントの組織しかオープンソースソフトを使っていなかったのに、２０１１年には50パーセントの組織が使っており、さらに伸びると予測している。これは、インターネットの普及とも関連しているし、またクローズなソフトウェアが長期間収益を出し続けるのが難しいことが経験的にわかってきたことも関係していると思う。

最近マイクロソフトですら、長い間「オープン」の逆の「クローズ」の王様であったウインドウズをオープン路線にするという発表を行った。

また21世紀になってからは、オープンソースとは別の動きで、公共性の高いデータを「使い減りしない資源」として公開しようという「オープンデータ」というムーブメントが盛んになってきた。

オープンデータを可能にした理由は、もちろんコンピューターネットワークの全世界的な普及にあることは間違いない。情報の公開コストがはてしなく安い世界になったからである。しかし、もうひとつ重要なことは「ひとりでは実現できない」時代になってきたということだろう。例えば国や地方の財政の悪化は、我が国だけでなく先進国での全世界的傾向となっており、アメリカ政府でさえ、公共的サービスであっても、単独ですべてを完結的に実現することは難しい時代となってきた。そのような背景から、現在米国や欧州を中心として、オープンデータ流通で行政にイノベーションを起こそうという動きが生まれている。

オープンデータはようするに、国でできないことは住民や国民、つまり民間の力を借りて行政にイノベーションを起こそうという動きである。そのきっかけとなったのがオバマ大統領の2009年のGov2・0（ガバメントツーテンゼロと読む）宣言だ。その動きに先進各国が追従し、限られた資金で経済発展をするためには、先進国においてオープンデータがかなりの効果があることがわかってきて、世界に影響を与えている。

特にきっかけとなった米国では、現在、サンフランシスコ市政府、ニューヨーク州政府、ワシントンDCなどあらゆるところで、行政関係データをAPI（Application Programming Interface／システムを外部プログラムから制御するための命令群）の形で公開し、コンテストなども行い、利用アプリケーションの民間での自主開発を促進するということが行われている。

またGov2・0関連の展示会まで定期的に行われているぐらいで、行政システム変革の大きな力となっている。

情報公開の新たなスタイル

「http://traintimes.org.uk/map/tube/」というURLがある。これは"Live map of London Underground trains"というサイトで、リアルタイムでロンドンの地下鉄のどこを車両が通っているのかを見ることができる。Google Maps のロンドンの地図に地下鉄路線と駅のマークが重ねられ、そこを各車両を示すシンボルが、じわじわ移動するのを見ているのは不思議な感じだ。当然、シンボルをクリックすれば列車番号や次の到着駅、そこまでの推定到着時間などの情報が得られる。

リアルタイムに車両がどこを走っているのかわかるだけでも非常に面白いサイトなのだ

が、ここで注目すべきは、このサイトを作り動かしているのが誰かということだ。普通に考えれば地下鉄を運営するロンドン市交通局（TfL）が作ったのだろうとか、乗り換え案内で商売をしている会社が作ったのだろうとなるが、実はそうではない。

このサイトを作ったのはマシュー・サマービル氏という個人なのだ。この人物は鉄道マニアで、しかもハッカーという人物なのだが、いくらハッカーでも個人で地下鉄の運行情報を取ってくる訳にはいかない。

どうやってその情報を得ているのかというと、TfLが提供するAPIを使っている。「OPEN DATA USERS」という開発者向けのページ（https://tfl.gov.uk/info-for/open-data-users）があり（図3・1）、ロンドン市交通局がオープンにしている各種の交通関係データにアクセスできるようになっている。しかも大事なことは、データを表にしたようなファイルがダウンロードできるというのでなく、多くのデータが、ネット経由のコマンドでリアルタイムに呼び出せるAPIとして公開されているということだ。

OPEN DATA USERSにはサンプルコードも載せられており、プログラムのできる人たちに自分のアプリケーションやサイトからこのAPIを使ってもらうことをロンドン市交通局が積極的に支援していることがよくわかる。

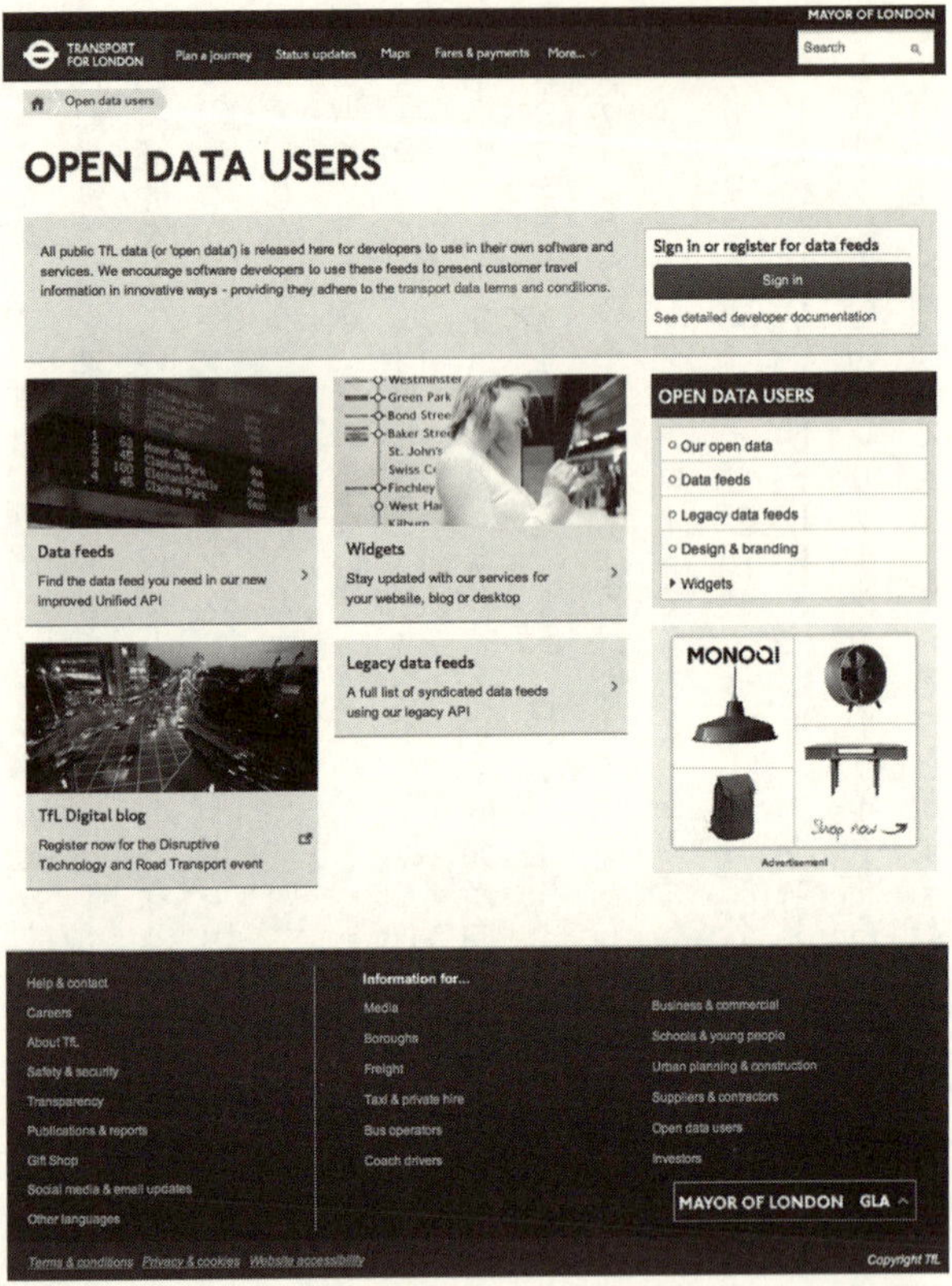

図3・1　ロンドン市交通局(TfL)のサイトにある開発者のためのページ「OPEN DATA USERS」
https://tfl.gov.uk/info-for/open-data-users/

地下鉄のリアルタイム運行データだけではなく、その他にもライブデータとしてバスの運行状況や道路の混雑状況、道路の電光表示板の現在の表示内容、交通状況カメラ画像、貸自転車のドッキングステーションの空き状況といったものまで公開されている。また、統計情報としては交通動態調査データ、ロンドン地下鉄の乗客数データ、貸自転車の利用統計といったもの、場所に関する基本情報としては電気自動車の充電ポイントや駅・桟橋・バス停の場所といったものも公開されている。

場所に関する情報は住所などではなくＧｅｏＪＳＯＮの形式で公開しているのも、他のシステムでの利用を前提としている意味でポイントが高い。ＧｅｏＪＳＯＮはアプリケーションでの地理空間情報表現のために最近よく使われるようになったデータ形式で、ブラウザの標準スクリプト言語であるＪａｖａＳｃｒｉｐｔをベースにしている。そのためＷｅｂとの親和性が高く、Google Earth や Google Maps などでも容易に表示させることができる。

このように、人間が読むことを前提としたＰＤＦ等による「情報公開」でなく、ネット経由で他のシステムから利用できるＡＰＩを設置し、それを公開するというのが、最近のインターネットでの「データ公開」のスタイルだ。ロンドン市交通局もお役所だが、２０

12年のロンドン・オリンピックに向けた先進性のアピールということで、一挙にこのようなスタイルの「データ公開」が実現できたようだ。

実際、オリンピックのときには、オリンピックによる混雑予測や駅での待ち時間予測、オリンピック会場周辺やイベント関係で日々変わる交通規制情報まで「データ公開」されていた。その意味では、ロンドンはオリンピックを都市インフラの近代化――単に箱物の近代化だけでなく、ネット時代の都市情報環境の近代化のきっかけとしてうまく利用したといえるだろう。

そしてこのような例はロンドンだけにとどまらない。ロンドン市交通局と同じ交通関係のマサチューセッツ州交通局で、2009年9月に運行情報の公開を決定し、11月14日に試験的にバス5路線のリアルタイム情報を公開したところ、11月のうちにその情報に基づくアプリが6個現れた。その後も続々と対応アプリケーションが現れ、モバイル端末アプリを含め多様な展開が続いている。交通局の開発コストはゼロだ。

日本でも同様の例がある。私の研究所も、東京メトロと一緒に「オープンデータ活用コンテスト」という、東京メトロが持っている駅のいろいろなデータ――例えばトイレがどこにあるのかや、リアルタイムの運行データ等をオープンにして、ユーザに自由に使って

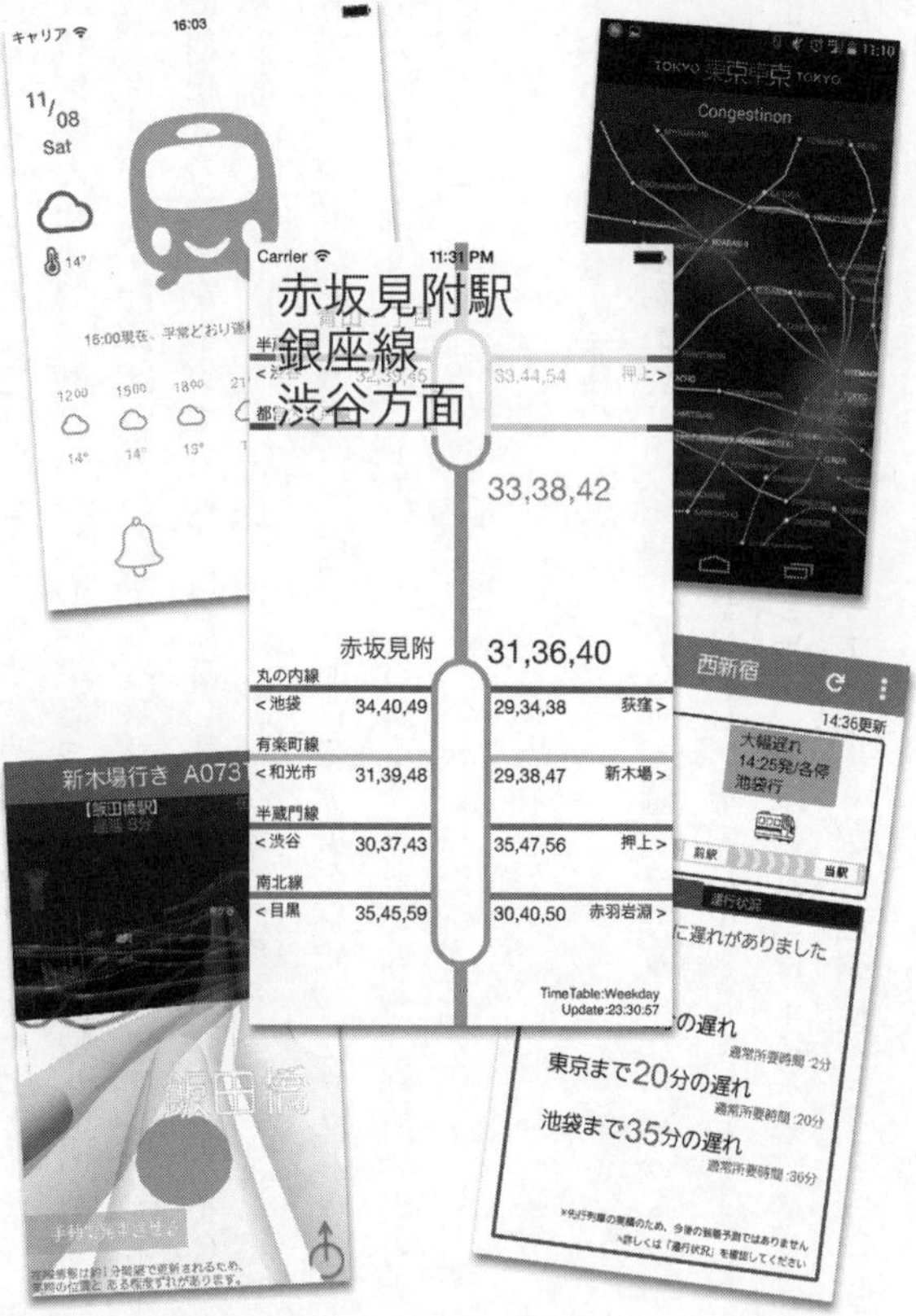

図3・2　東京メトロ オープンデータ活用コンテストの結果、ユーザによって作られたさまざまなアプリ

もらうと、どんなことができるのかというコンテストを行った。

結果は大好評で、世界中から応募があった。乳母車を押している方がホーム行きのエレベータまでどう行けばいいかがわかるスマートフォンのアプリや、電車が遅れているときは朝起きる時間を早めてくれる目覚まし時計アプリなど、データを公開しただけでいろいろな面白いソフトウェアがユーザの方々によって作られた（図3・2）。約2ヶ月で30 0近いソフトが開発された。東京メトロのデータを使ったソフトウェアが東京メトロ以外の人々によって作られるというところがポイントである。経済効果も大きいことが実証された。

Gov2・0の本質

行政はもちろんのこと、企業、NGO、個人までみんながネットワーク連携をし、それを相互に役立て、また各自が社会貢献し、その結果として公共サービスを実現するのが次世代政府――Gov2・0だ。ここでの行政の役割は主にその環境整備で、活躍の主役は民間だ。そのときに出てくるキーワードが、透明性（Transparency）、それから参加（Participation）、協力（Collaboration）だ。

現在、我が国でも情報公開が非常に言われるようになってきているが、そのほとんどがＰＤＦなどの紙をスキャンしたようなページ形式がほとんど。データもＥｘｃｅｌの表形式がせいぜいだし、ひどいとグラフ化した画像データであったりする。人間に読ませるという意味では手をかけているのかもしれないが、結果としてアプリからの利用は困難。逆にＡＰＩによる「データ公開」なら、グラフ化して表示するのはアプリ側でいかようにもできるし、さらにさまざまな分析もできる。

ポイントは、データだけでなくＡＰＩ付きで公開するということだ。ここでのＡＰＩは、例えば公開する大量のデータの中から何月何日の数値はどうなっているのかとか、Ａ点からＢ点までの予想時間はどうなっているのかということを、データベースに対して問い合わせるためのコマンドセットだ。毎回Ｅｘｃｅｌで全データを落としてからローカルに必要部分を抜き出すというのでは通信量も増えるし、特定周期でコピーするのではリアルタイム性もなくなってしまう。

ＡＰＩによりいろいろなやり方で随時データを利用できるようにすることで、新しいシステムの開発を容易にする環境整備――これも、従来の道路や上下水道などのハードインフラや、ＬＴＥや４Ｇなどの通信インフラと別なレベルでの、みんなが低コストで協調するための新時代の公共インフラ整備なのである。そして、このようなインフラをどうやって技術と制度の両面から実現していくのかということが今、世界的には重要なテーマになっている。

何度も述べているように、インフラを整備するには、技術だけでなく制度が重要となる。道路交通網を支えているのが、道路や自動車といったハードインフラだけでなく、交通法規や保険などの制度インフラであるのとまったく同じだ。技術的には多くの問題を抱え事故を定常的に起こす——しかし現代社会にとって欠かせない道路交通網も、それらの制度により支えられることではじめて成り立っているのである。

オープンＡＰＩの効用

「オープンアーキテクチャ」「オープンソース」「オープンデータ」ときて、次の動きは「オープンＡＰＩ」だと思っている。

先にオープンデータを行うなら単なるＰＤＦでなくＡＰＩで行えと指摘した。それをさらに一歩すすめて、今までクローズだったコンピューター組込み製品の制御ＡＰＩをオープンにしましょうという運動が「オープンＡＰＩ」だ。考え方としてはオープンソース、オープンデータと同様、公開することでいろいろな人やシステムがAPIを通してコラボレーションできるようにすることだ。高度なパッケージソフトや組込み製品の制御プログラム自体をオープンソースにするのは、技術の秘密の開示で抵抗が大きい。それよりは、うまくAPIを定めてそれを公開させた方が効果が高いし現実的だ。

機器やシステムのソースを公開してもそれを活用できる人の数は限られるし、多くのメーカーはソースを公開することでノウハウが流出することを恐れるだろう。

Androidを使ったスマートフォンでは、Linuxというオープンソースを使っている。そしてこれはFSF（Free Software Foundation）という団体が定めたGPLと呼ばれるルールに基づいている。簡単に言うと、誰でもすべてのソースコードを見られるが、それを直したときには直したところも利用者に公開しなさいというもの。互いの成果を改良し合えるプログラマ同士のコミュニティではGPLはうまく働く。しかし最終利用者がプログラムを意識しない、組込みの分野には適していない。実際、FSFの言う厳密なオープンソースを組込み製品に利用しても、大抵のメーカーがソースプログラムからコメント行を消すなどして、GPLの求める必要最小限のソースしか公開しない。これを読み解くのはけっこう大変だし、仮に読み解いても、製品購入者が連携動作できるよう外部と通信可能なプログラムに改変して改造するのは、あまりにハードルが高く、そもそも不正改造になりかねない。

これに対して機器やシステムのＡＰＩをメーカーが公開してくれれば、それを使えるアプリケーションは多くの人で開発できるし、それが配布されれば多くの人が恩恵に与《あずか》れる。以前より有用性が増し、多くの人がその製品を買えばメーカーにとっても嬉《うれ》しい。だからこそ、オープンソースよりもオープンＡＰＩの方が組込みの世界では影響力が大きいと思われる。

また実際問題として、ＡＶ機器や高度な家電では、メーカー純正のアプリからネット経由で制御できる製品が多くなっており、これらはすでにＡＰＩで外部からコントロールできるようになっているはずだ。だからそれをオープンにするだけでいい。

当然だが、ＴＲＯＮのようなリアルタイムＯＳを利用して組込みシステムを開発している人の数より、ＡＰＩを使ってアプリを書ける人の数の方が、今や１０００倍、いや１万倍――もっと多いかもしれない。スマートフォンのＯＳを含む開発環境は、遅れて進化したため、レガシー（この場合は過去の技術を引き継いだことによる、望ましくない制約を指す）に縛られず、コンピュータサイエンスの最新の成果が使われているからだ。

　また、それこそオープンソースで多くの高度な機能モジュールが公開されており、ネットからそれらを集めて組み合わせるだけで、低コストかつ短時間で、簡単に高度な機能のアプリが開発できる。パソコン時代では会社組織で年単位かかっていたような開発を個人が数ヶ月で完了でき、それを流通させるのもネットで、ほとんどコストなく一瞬で行えるのが現代なのだ。

「ＲＩＣＯＨ　ＴＨＥＴＡデベロッパーズコンテスト」は、リコーが作っているインターネット接続可能な３６０度デジタルカメラの情報を公開して行ったコンテストである。ＴＨＥＴＡをコントロールできるいろいろなＡＰＩを公開して、そのＡＰＩを使ってアプリケーションを作ろうというものだ。

　私の研究所が協力してオープンソフトコンテストを行ったところ、３６０度の映像に３次元ＣＧの画像を合成することができるソフトや、３６０度映像を繋げて旅行記を作るソフトなど面白いソフトが世界中から集まってきた。これらのソフトをひとつひとつお金を払って開発したらかなりの額になる。これも経済効果は大きいのだ。

世界でたったひとりにも最適化

オープンAPIにすると障碍者《しょうがいしゃ》対応も容易になる。肢体不自由の方が声だけで家電など各種の組込み機器を制御するアプリも、ボランティアで開発できるようになる。例えば100人のユーザのためだけのアプリも作れる。

私は「TRONイネーブルウェア研究会」という、障碍者をコンピューターでどう支援できるかという研究会を30年間あまり実施してきている（図3・3）。100人の障碍者がいたら100の要求があるというのが、そこでの実感だ。自分の属性に最適化したユーザインタフェースを作ってほしいという希望は確かにある。

しかし、メーカーにそういうことを期待しても、世界でたったひとりしか使わないユーザインタフェースを実装するのは「さすがに勘弁してください」となる。

そこで、制御したい組込み機器のAPIが公開されていれば、ボランティアがその人のためのユーザインタフェースを作れるし、もしも最愛の人が障碍者になってしまったときは、家族が勉強してプログラムを作るかもしれない。

プログラムがいくらできても、最後に実際のサービスとして生活環境に影響を与えられなければ、人を助けられない。プログラムで人を救うには、最後の段階として生活環境に

図3・3　トロンイネーブルウエア研究会の成果をもとに屋内外での車椅子での移動をガイドする障碍者移動支援の実験（YRP UNL）

影響を与えられるエアコン等の組込み機器を、そのプログラムで制御できなければならないのだ。そのためにはオープンＡＰＩしかない。

例えば、カメラで瞬《まばた》きを画像認識し、それに合わせてテレビをコントロールできるアプリを、ボランティアのプログラマが仕事の合間に開発する。それをスマートフォンのアプリマーケットで公開すれば、世界中の肢体不自由な方々の福音になる。またそういうボランティアならアプリをオープンソースにするだろうから、他のボランティアがそれをベースにテレビのかわりにエアコンを制御する機能を付け加えるのも簡単だ。

随意運動しやすいのは瞬きより呼吸なので、呼気センサーで制御したいというユーザもいるだろう。障碍者サポートは理想的には各自の体の状態にチューニングされるべきであり、それをメーカーの純正アプリですべてサポートするのは不可能だ。そして、いくら多くのボランティアプログラマがいても、製品のAPIがオープンでなければ、どんなにがんばってもその制御アプリを書くことは不可能で、純正アプリが対応するまで、その障碍者をサポートすることはできないのだ。

もちろん障碍者サポートだけではない。自宅のAVルームでボタンひとつで多様なメーカーのプロジェクタとアンプなど関連機器を起動し、スクリーンを下して照明を暗くするような連動制御は、今は専門業者に頼むと追加のハードを含めて何十万もとられるような贅沢《ぜいたく》だ。しかし、オープンAPIになっていれば、これもプログラミングだけで、日曜プログラマのレベルのユーザで簡単に実現できる。

APIをオープンにして、アプリを書くだけで組込み機器が制御できれば、さまざまな可能性が出てくるのである。

オープンな領域の広がり

ICTの世界では、オープンな領域はどんどん広がっている。「オープン」とは、最初

図3・4　武田賞授賞式：左より坂村 健、リチャード・ストールマン、リーナス・トーバルズ（2001年）

は「オープンソース」のことで、特にOSと言われる基本ソフトウェア分野の話だった。例えばパソコンやスマートフォンでよく使われているLinuxがオープンなソフトウェアの代表のように言われるが、時期的に言うとこれはTRONより少し後だ。Linuxの前身のUnixはTRONより前だがオープンではなかった。OSとしてオープンを標榜したのはTRONが最初だったと思う。

2001年にはTRONで武田賞という賞をいただいた（図3・4）。まだ「オープン」がそれほど大きく言われていなかった時代に、コンピューターの世界で「オープン」を主導した人物に授与するということで、同時に受賞したのがGNU（グニュー）のリチャード・ストールマン（Richard Matthew Stallman）とＬｉｎｕｘのリーナス・トーバルズ（Linus Benedict Torvalds）だった。

ＴＲＯＮはオープンなリアルタイムＯＳ。ストールマンはオープンな開発環境——ＧＮＵ。リーナス・トーバルズはＬｉｎｕｘで、ＵｎｉｘをパソコンＮ向けにオープンにしたという功績での受賞だ。

このように最初はオープンといえばＯＳだったのだが、オープンのレイヤーが拡大してきて、今は「ミドルウェア」「ライブラリ」「開発環境」「ブラウザ」「データベース」とオペレーティングシステムよりも上のレイヤーでオープンが話題になってきている。

例えば、相互接続性と信頼性の評価ツールのオープンソースのプロジェクトとか、オープンソースの分散基盤ソフトのコンソーシアムといったものもある。さらには、オープンソースのハードウェアも出てきている。ＨＤＬ（ハードウェア記述言語）による論理回路設計をオープンに共有するプロジェクトもある。３Ｄプリンター向けの設計図をオープンにする例も多い。

特に組込み分野でみると、応用分野ごとにオープンが拡大しているのが最近の動きである。ここ5年間でみても、オープンソースがカバーする組込みシステム応用分野はどんどん拡大しており、通信から航空機、宇宙に至る産業領域ごとにオープンプロジェクトが生まれて、応用分野に特化したオープンな開発環境ツールを構築するなどしている。

ＩＣＴの技術環境では、組込み分野においても開発環境からさらに利用環境にもオープン化が広がっている。そのオープンな技術を使って開発されるシステム自体もオープンになっている。これは組込みの利用環境が大きく変わっているからだ。ネットワークが高速化、低コスト化し、常時接続可能になってきたため、組込みシステムも単独で存在するということがどんどん減り、「クラウド前提の組込み」に大きく変わろうとしている。

例えば従来のスマートハウスのモデルでは、一家に１台「ホームサーバー」を置いて、そこにローカルネットワークで住宅設備機器を繋げる仕組みとなっていた。昔よく言われたのは、家庭で24時間電源が入っているのは冷蔵庫だから、冷蔵庫の中にサーバーを入れろというような、今からすると大笑いのような話だった。しかし現在は、ダイレクトに組込みシステムをインターネットでクラウドに繋げるというモデルにどんどん移行しようとしている。

組込みシステムがいわゆる目や耳となって、現実の世界の状況を知る。スマートフォンが人と対話する。それらのデータを受けたクラウドが、状況を判断して最適制御を決める。

その制御をまた組込みシステムが受けて、手や足となって現実の世界の状況を操作する。それらすべてをリアルタイムのネットワークがあまねく結ぶ。そういうイメージをHFDS（Highly Functionally Distributed System）として、1980年代からTRONのプロジェクトのゴールとして描いた。組込みは最終的にはこういう高度な機能分散システムになるだろうと、19頁の図1・3のような絵を描いて発表したのだが、現実にまさにそのような時代が来ようとしているわけだ。

このような高度な機能分散システムの世界を想定した中で、人と対話して環境との橋渡しをする端末を、「コミュニケーションマシン」と呼んでいた。ユーザに合わせ、他人とのコミュニケーション、モノとのコミュニケーションを司《つかさど》るマシン——今でいえばまさにスマートフォンがそれにあたる。

実際、スマートフォン登場前のHFDS環境——今で言うIoT環境の実証実験のために開発したコミュニケーションマシンの実験用試作機は、今から見るとまさにスマートフォンの先取りになっている（図3・5）。ただもっと先を考えると、部屋の中でも常にコミュニケーションマシンを持っていなければならないのも不自然なわけで、音声やジェスチャー認識、視線誘導等のナチュラルインタフェースの技術を利用した高度なユーザイン

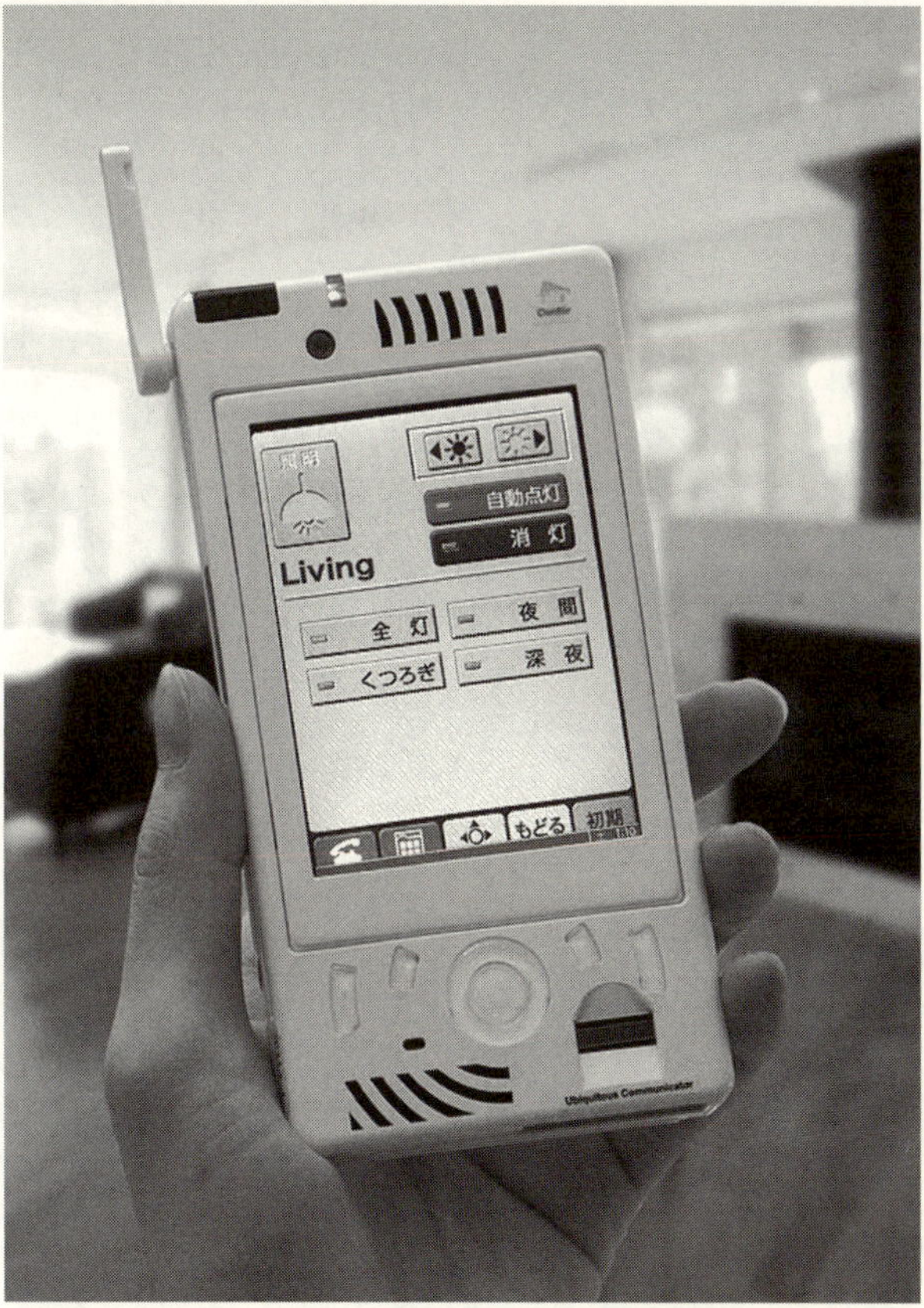

図3・5　コミュニケーションマシンUC（2003年）

タフェースを環境全体で実現する方向に行くだろうと考えていた。

そのような環境のＩｏＴ化が進めば、組込みアーキテクチャのオープン化がどんどん進み、「組込みは、より組込みに特化する」というのが私の考え方だ。組込み機器は高度な組込みコンピューターでしかできない機能を実現するシステムに特化していくと思っている。

組込み機器にユーザが後からアプリケーションを追加して機能を多様化するようなモデルではなく、組込みは組込みで特化させて、ＡｎｄｒｏｉｄやＬｉｎｕｘはスマートフォンやサーバーの方で活躍させるという、それぞれのＯＳの特性に合った機能分散に進むだろう。

モノを全部インターネットで繋ぐ

わかってきたのは、世の中にあるクローズな技術プロジェクトとオープンなプロジェクトの本質的な違いだ。それは技術の違いではなく、むしろ社会性の違いといった方がいい。クローズとは技術を外に出さないということだから、自分たちの技術は自分たちだけのものとして抱え込んでしまう。ブラックボックスにして他人には見せない。オープンは逆。

どんどん見せ、技術もどんどん出す。中をブラックボックスにしない。どうやってやるのか、どうなっているのか、同じことをやりたかったら再現できるようにソースコードも公開する。私のやり方ではロイヤリティも取らないが、オープン＝フリーではないので、オープンであっても製品として販売してお金を取るのは自由だ。

なぜオープンにするのかというと、基本はシステムの相互接続性を高めて連携させたいからだ。なぜタダで出すのかというと、できるだけ多くのシステムを繋げたいからだ。いろいろなコンピューターを入れたモノを全部インターネットで繋ぎたい。

例えば人間も同じで、電子メールをクローズでやりたい、つまり特定の人とだけメールのやり取りをしたいなら、別にインターネットを使う必要はない。インターネットに繋げるということは広く多くの人々と接続したい、コネクティビティを高めたいためだ。技術情報を公開することによって、相互接続、運用がやりやすくなる——それにより、社会性の違いが技術的な意味でもアドバンテージに変わるのである。

2、IoTで製品はどう変わるのか

オープンIOT時代のカメラ

ここまではIoTというインフラの側からオープンの重要性を解説してきたが、逆に具体的な応用例から、IoT化することでどう製品のイメージが変わっていくかを考えてみよう。

今までは、個々の組込みデバイスは独立した商品で、それぞれがクローズに機能を上げていこうとしていた。例えばカメラでも、カメラ単独で機能を上げるとなると、どんどんコンピューターをカメラの中に入れていくようになる。スマートフォンも、昔の携帯電話は通話だけだったのに、高機能化に伴いスマートフォン自体が一昔前のパーソナルコンピューターのようになり、さらにカメラ機能も取り入れ、機能拡大していったのと同じ道だ。結果として特にコンパクトデジタルカメラはスマートフォンとの差がますます曖昧《あいまい》になり、商品として成り立たなくなりつつある。

例えば、最近はコンパクトデジタルカメラでも高度な顔認識機能を持ち、一度カメラで顔を設定しておけば、写真を撮ろうとするとディスプレイに名前が出てきて、集合写真でもその人に優先的にピントをあわせるといった機能が普通になってきている。さらに生年月日まで登録でき、誕生日パーティとか、寝ている赤ちゃんを撮ろうとしているといった状況を認識し、それにあわせて撮影モードを自動で変える。

便利なようだが、これはカメラがスマートフォン並みに個人データの塊になることでもある。落としたり、データを消さずに譲渡したりすると個人データが漏れてしまうので、パスワード設定機能が必要になる。そうするとパスワードをかけたまま譲渡しても使えないので、譲渡時には出荷状態にまで完全リセットしないといけない。

最新のカメラは、個々の操作は簡単になっても、この種のあまり出番のなさそうな特殊な機能がどんどん追加され、以前のカメラに比べ使いこなすのは難しい製品になっている。スマートフォンと張り合う末期のフィーチャーフォンの進歩と似ていて、機能が増えてソフト開発が大変になるわりに、これというヒット機能はなく、どんどん開発費が収穫逓減しているのではないかと心配になるぐらいだ。

ナチュラル・ユーザインタフェース

これに対してオープンなＩｏＴ化の基本は、組込みデバイスを組み合わせることによって、個々のデバイスはあまり難しいことをやらず、全体として高度な機能を実現するという考え方だ。高度なユーザインタフェースはスマートフォンに任せればいい。自分に足りない機能は近くにあるデバイスに助けてもらう。

そのためには、どのユーザの指示なら連携利用に協力するかなどの設定がどうなっているかといったことがオープンになっていなければならない。そうすることで、要求されたときに個々のデバイスがどんな機能を持っているかを検索し、それを元に連携調整することが可能になる。

Ａ社のこたつがＡ社のエアコンと温度調整で連携できる仕組みでも、互いにクローズな状況なら、Ｂ社のエアコンを買ってきても互いに暖房機器であることすらわからず、連携機能も使えない。これがクローズの問題点である。

逆に、オープンなＩｏＴ環境であれば、個々の組込みデバイスは組込みに特化できる。その機器の本来の機能ではない複雑な処理は全部クラウドに持っていけばいい。ユーザインタフェースも無理してコストや大きさの制限のある組込み機器で持つ必要はない（図

図3・6　部屋全体で利用者の要求をクラウドに伝えるオープンなIoT環境

3・6）。

オープンなＩｏＴ環境であれば、環境全体をユーザインタフェースにすることができる。例えば壁自身に振動センサーが入っていれば、スイッチがなくても、壁のある位置をポンと叩《たた》く――これだけで、その壁位置の前の人を最適に照らすように電灯を点《つ》け、同時に写真を撮るといった連携のプログラミングも可能になる。

人間の体や動作など自分の好きなやり方全部を操作スイッチにできれば、これ見よがしで「不自然な」ユーザインタフェースは必要なくなる。こういうものを「ナチュラル・ユーザインタフェース」という。

アグリゲート・コンピューティングとは何か

そして、最近のＩｏＴの動きからしても、組込みは組込み、クラウドはクラウド、スマートフォンはスマートフォンといった役割分担がやっと現実的になってきた。

今までの組込みシステムは、例えばカメラだと、コンピューターがあってセンサーが付いていてユーザインタフェース、イメージセンサー、エフェクタ、ディスプレイがあり、内部のコンピューターがカメラ全部をコントロールするようになっていた（図３・７／上）。

しかし、最近は、高度なところはクラウドで処理することにして、ユーザインタフェースはスマートフォンで行い、カメラは撮像という本来の機能に特化させようというコンセプトのものが登場してきた。

カメラの機能を撮像素子とディスプレイとユーザインタフェースに分解して、環境中に分散する。そしてクラウドから部屋全体に置かれたカメラを操作する。自宅に大きなディスプレイが１台あったら、人間が見るのはそれを使えばいい。ひとつひとつにディスプレイを付ける必要はない。極端にいうとこういう考え方だ（図３・７／下）。

いろいろな機能をひとつひとつ分解して、クラウドと連動させ、それらが協調して、全体で機能を実現する――という考えでモノを再構築して作れないかというコンセプト――

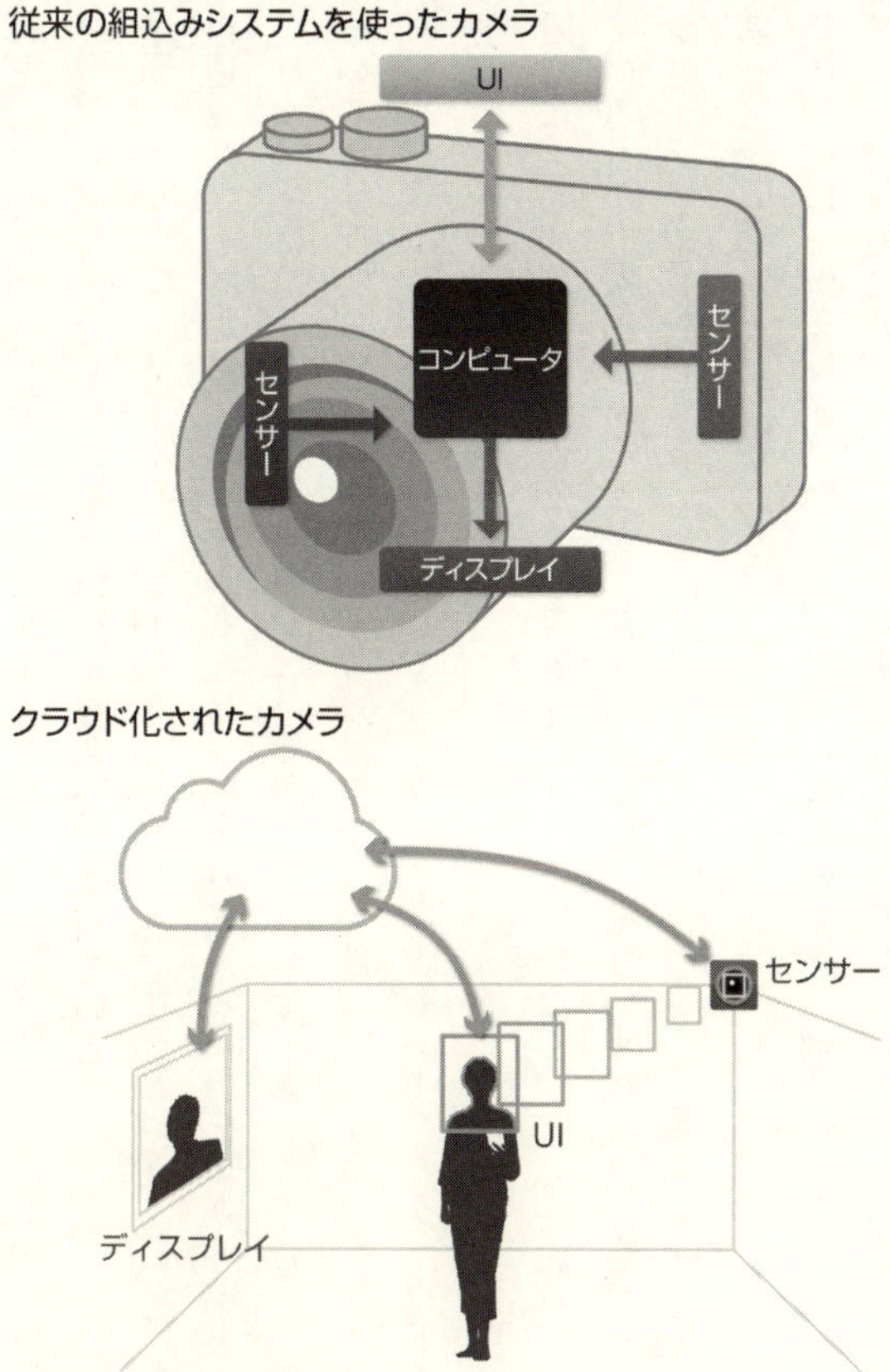

図３・７　従来の組込みシステムとクラウド化されたカメラ

これを私は「アグリゲートコンピューティング（Aggregate Computing／総体コンピューティング）」と名付け、それに基づいた研究開発を進めている。

結局、ＩｏＴはすべてのモノをインターネットに繋げるということだ。あまねく浸透した組込みシステムが目、耳、手脚となり、現実の世界の状況を知り、現実の世界を操作する。ビルの中には多くの監視カメラがあるが、それも全部繋がっている。当然、廊下に付いているカメラから外に付いているカメラまで、全部の映像がネットワークを通してクラウドコンピューターに集まる。そして、そういった画像データでクラウドの中に――いわば現実の世界のモデルが作られる。

さらに、このモデルを作るのには映像データだけでなく、空気が流れているとか、音が出ているとか、振動があるとか、物があるとか、そういう状況まで合わせて、実世界のモデルがコンピューターの中に作られる。「未来のカメラ」の本質とは、そのモデルを記録するシステムのことになるだろう。

具体的には、例えば遊園地に設置された複数のカメラ画像から顔認識で来園者の写真を収得して、最後にアルバムとして渡すサービスなどが考えられる。他にもパーティ会場に複数のマイクロカメラを設置して大量の写真を収得し、計算によって多様なアングル写真を生成することもできる。ＩｏＴの空間全体が状況情報キャプチャーシステム――つまりは未来のカメラになるわけだ。

この空間のカメラ化は、いわばその内部の状況情報キャプチャーだが、カメラでないものがカメラにもなるのがＩｏＴ化のひとつの結果ということもできる。

最近の自動車には車体の四方に組込まれたカメラから、周辺の全周写真やバードビュー（鳥瞰《ちょうかん》像）を生成するシステムが組込まれている。この流れを敷衍《ふえん》すれば、今後自動運転のために３Ｄスキャナーを含む多くのセンサーを搭載するであろう自動車が、周辺の状況情報をキャプチャー、集めるシステム――つまりは未来のカメラになる。

自動車で行った観光地の風景を計算によって再構成し、後から多様なアングルの写真を生成することもできる。

そして、このモデルに対して、どうしたいのかを指示すると、現実の世界にフィードバックが返る。ユビキタスは現実世界とバーチャル世界の融合だから、現実世界のモデルを把握し、そのモデルを操作すると現実が変わるというループができることが理想なわけだ。

これまでのウェブサービスのモデルでは、スマートフォンを持った人間がクラウドにインプットしていた。そしてクラウドでいろいろな処理をやったアウトプットがまた人が持

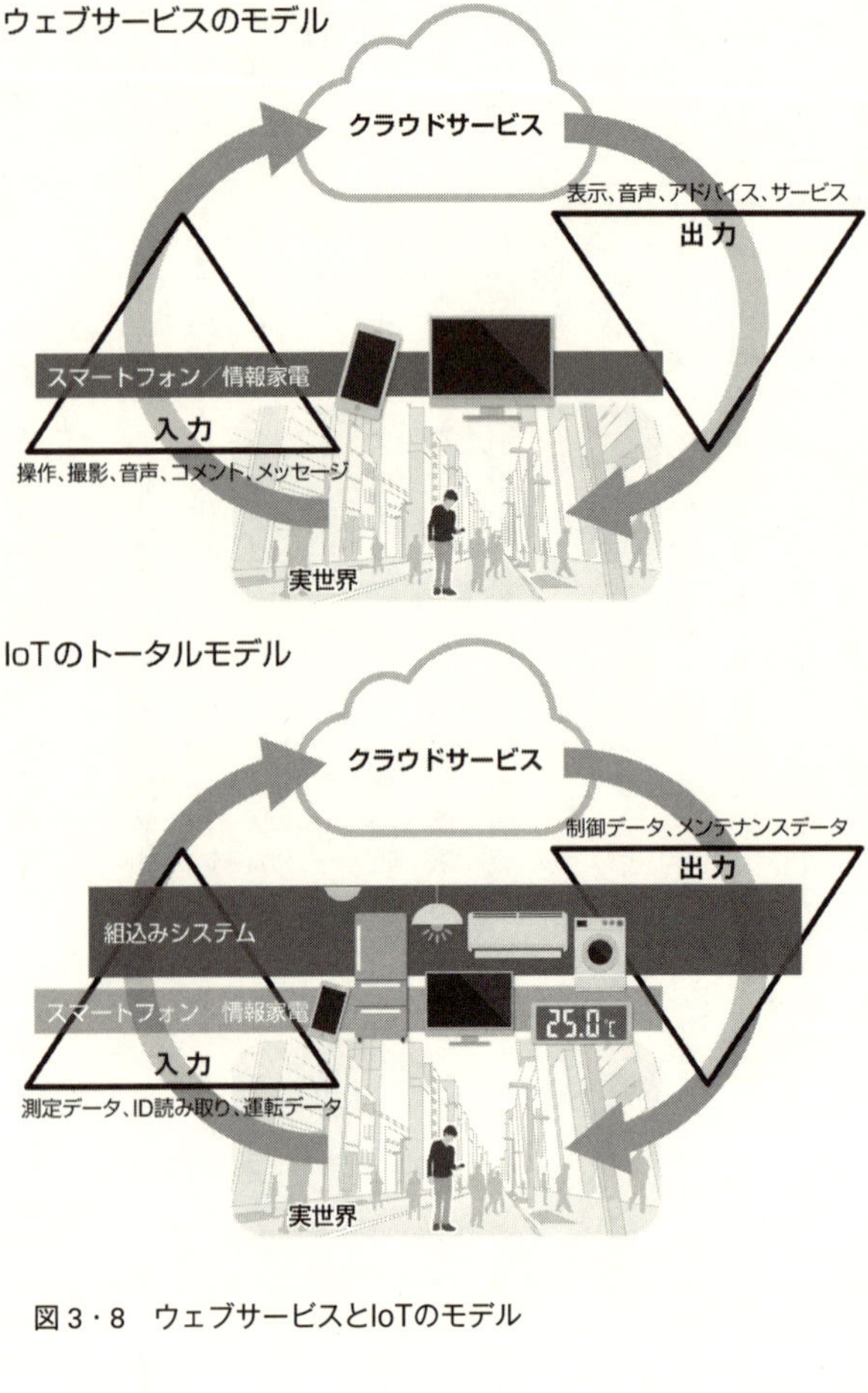

図3・8　ウェブサービスとIoTのモデル

つスマートフォンに返ってきた（図３・８）。

しかしオープンＩｏＴでは、分解された組込みシステムが自動的にクラウドにビッグデータとしていろいろなデータを上げるようになる。アウトプットが返ってくるときも、人だけではなく、モノにも制御としてフィードバックが返る。スケールが大きいトータルモデルで、人間とクラウドサービス、いろいろなところにある組込みシステム全部が一体的に繋がった未来デザインなのである。

オープンカメラAPI

カメラ機能のＡＰＩを、ネットワーク経由でアクセスできるようにするのが、私が提唱しているオープン化の第一歩だ。シャッターを切るとか、絞りを変えるとか、焦点を合わせるといった操作をネットワーク経由でコントロールできるようにする。特定のメーカーだけでなく、オープン化に賛同していただけるならオープンカメラＡＰＩを一緒になって作りたい。

その場合、多くのカメラメーカーが参加するのであれば、ユーザの利便を考えてオープンＡＰＩ化するところはメーカー同士で相互運用性が確保できればという気持ちがある。

そのためにＴＲＯＮプロジェクトの推進団体であるトロンフォーラム（www.tron.org）ではオープンＡＰＩ研究会を作って、同じものは可能な限り標準化するという活動を行っている。

カメラもその対象のひとつだが、オープンＡＰＩ化についてはカメラだけではなく、多様なジャンルの製品について進めたい。

例えばオープンＡＰＩの電灯とオープンＡＰＩの人感センサーがあったら、特定の時間になると電灯をＯＮ／ＯＦＦする制御プログラムとか、スマートフォンやタブレットから電灯をリモコンでコントロールできるとか、人が入ってくると自動的に電灯がつくとか、特定の部屋に人が入ってくるとスマートフォンやタブレットに警告を出すとか、特定の部屋の電灯のＯＮ／ＯＦＦを外から確認できるといったこと、すべてがすべてプログラムだけでできるようになる。

プログラムだけでこういう機能が実現できる理想の環境にするためには、あらゆる機器のＡＰＩがオープンになっていることが必要なのだ。

３、世界競争と日本のジレンマ

国家レベルのプログラミング教育競争

オープンＩｏＴの環境が整ってきたときに、それを社会が活かせるようになるのに重要なのが「読み、書き、算数」と同じ「国民の基礎的力」としてのプログラミング教育だ。これは、従来のコンピュータエンジニアや研究者養成のための専門教育とはまったく違う。スマートフォンが普及し、キーボードからコンピューターに入力するだけでなく、グラフィックなどを使ったビジュアルなプログラム開発環境なども進化したため、子供の頃からプログラミングを教えられるし利用できるようになってきた。プログラミングの敷居が低くなってきた。今、プログラミングをすべての人が使える力にする必要がある。そのためにはできるだけ早い時期からプログラミングの教育を始める必要がある。

家電などの個々の具体的な組込み製品は、精度や耐久性やコストや大きさなどのさまざまな要求に応《こた》えるためメーカーが工場で作るものであり、これは個人では太刀打ちできないだろう。しかし、プログラムができれば、それらの製品の機能を組み合わせて、自分の仕事や生活に合わせた環境を簡単に作ることはできる。これがＩｏＴ環境だ。

初等中等教育で、「読み、書き、算数」を徹底的に教えこむのは、それが仕事にしろ生活にしろ、その個人を助ける基本的な力だからだ。今や、そこにプログラミングが加わろうとしている。

世界ではコンピューターを利用したイノベーションが盛んだが、それをリードしているのは「プログラミングの専門家」でなく「プログラミングできるその分野の専門家」だ。例えば、農業分野。画期的な生産性を達成するコンピューターを駆使したスマート農場で、イノベーションを起こせるのは「プログラミングできる農民」だ。

「中等教育からコンピュータプログラミングを教えるべきだ」ということを主張する記念碑的な論文がイスラエルで発表されたのが１９９５年。それを受けてイスラエルは高校の教育改革を行い、２０００年にはいち早く義務化までこぎつけ、今は一部を早めて中学に移すという。

小学校レベルでの取り組みが早かったのはエストニアである。英国イングランドは、すでに２０１４年以降、５歳児から読み書き算数に次ぐ扱いでコンピュータサイエンスを義務教育化している。

米国は高校レベルにプログラミングのコースがあったが、選択制で一部の生徒しか受講しておらず、関係者は遅れを取り戻すのに必死だ。２０１６年頭の、最後の一般教書演説で、オバマ大統領はわざわざ「すべての学生に仕事に役立つ実践的コンピュータサイエンスと数学のクラスを」とプログラミング教育について言及した。その言葉通り、２０１５年12月には、初等中等の教育制度を改革する法案に署名している。この法案にはコンピュータサイエンスを小中学校レベルのコア科目とし、担当教員の専門的能力開発を支援する内容が含まれている。

米国では教育は州政府が担当し、連邦政府は大きな枠組みを決めるだけだ。コア科目化といっても、日本的な意味での義務教育化とはニュアンスが違う。とはいえコア科目化はそれに近いもので、小中学校レベルでコンピュータサイエンスという独立した科目で連邦予算が使えるようになる。他の教科の教員の掛け持ちでなく専門教員が採用できるし、専門教員育成に連邦政府の支援が見込めるようになる。

また、それ以前から米国では非営利団体で独自カリキュラムを作り教える民間の動きが盛んで、政府の対応の遅さを補ってきた。

高校以下では遅れをとった米国だが、さすがに大学は反応が早く、多くの大学でコンピューターサイエンスを副専攻にしたり、課程を取得する学生が急増している。１９８０年代末のブームは「コンピューターで一山当てる」だったが、今回は「自分の将来を助ける力として」というのが大きな違いだ。

また、スーパープログラマには一種の素質が必要であるが、それにハマれば中学生でさえすごい力が発揮できる。つまり投資回収が遅いと言われる教育の中で、プログラミングは異例なほどリターンが早く効果の掛率も高い。

例えばイスラエルはこの分野で急激に伸び、米国の企業がベンチャーを巨額買収するなど世界のコンピューター産業の注目を集めているが、２０００年から教育を受けた高校生が活躍するのがちょうど今頃。それを英米が追っている。ハイテクに強い国がどんどん先に行く。

一口に義務教育化と言っても、その実現のためには、先生の養成から新教材まで多大な時間がかかる。プログラミング早期一般教育化は私も政府に提言しているが、日本では学習指導要領の書き換えが必要で今決断しても実施は7年後という。

コンピューターが絡むイノベーションは、人の7倍のスピードで歳を取る犬にたとえて

「ドッグイヤー」と呼ばれる。７年の差は50年近い差。英国ではカリキュラムの見直しの決定が２０１２年１月。プログラミング中心の新カリキュラム発表が２０１３年９月で、開始が２０１４年９月だ。まさにドッグイヤーのスピード感が教育改革にも求められている。

ＩｏＴ化はいわば現実世界をプログラミング可能にするということであり、プログラミングの力こそが、まさにその環境を活かす鍵《かぎ》なのである。

日本的ギャランティ志向

ＩｏＴ化した世界の理想像――あらゆるモノに超小型チップが付き、センサーネットワークにより状況（例えばある場所の温度や湿度、人がいるのかどんなものが置いてあるのかなど）を高精度に把握できる世界になると、さまざまなプロセスについて最適制御が行えるようになる。

エネルギーの問題を例にとると、小さなセンサーチップをシャツに付けると、体の表面温度やそのときまでの熱履歴がわかり、その情報を直接空調機に送ることで個人個人に最適の温度調節を行う――リモートコントロール端末を使うものよりも、きめ細かな温度制御が自動でできるようになる。

例えば、暑い外から帰ってきたばかりの人には、その瞬間だけすばやく冷やして熱履歴をリセットさせ、その後はあまり冷やさなくても快適と感じるようにする。また、同じチップがその日の着用状況から汗などの汚れの量を推定してくれれば、洗濯機がそれを読み取って、汚れが少なければ簡単な水洗いで済ませるなどの判断も可能になる。

このように細かい個人向けの制御を行うことで快適性を維持したまま不必要なエネルギー消費を避けられれば、社会全体としての実効的な省エネルギーにも繋がるだろう。

ここまでの例ならば、ひとつの住宅やビルの中の例であり、閉じたＩｏＴとして実現することも可能だ。しかし、例えば道路の管理について考えてみよう。道路の周囲の崖やトンネルへ、土木分野での危険感知用センサーネットワークを組込むことは、今でも技術的には十分可能である。しかし、実際にはインフラとして国土に広く組込むときの量の問題を考えると、コスト問題は避けて通れない。また、何らかのトラブルがあった場合、多くの主体が絡んでいる責任問題をどのように解決するかというルールも必要になる。

だからこそ、制度設計なのだ。責任やコストの分担の問題さえ解決できれば、道路に埋め込んだチップも、コンクリートの状況を知らせるためと同時に、目の不自由な人のガイ

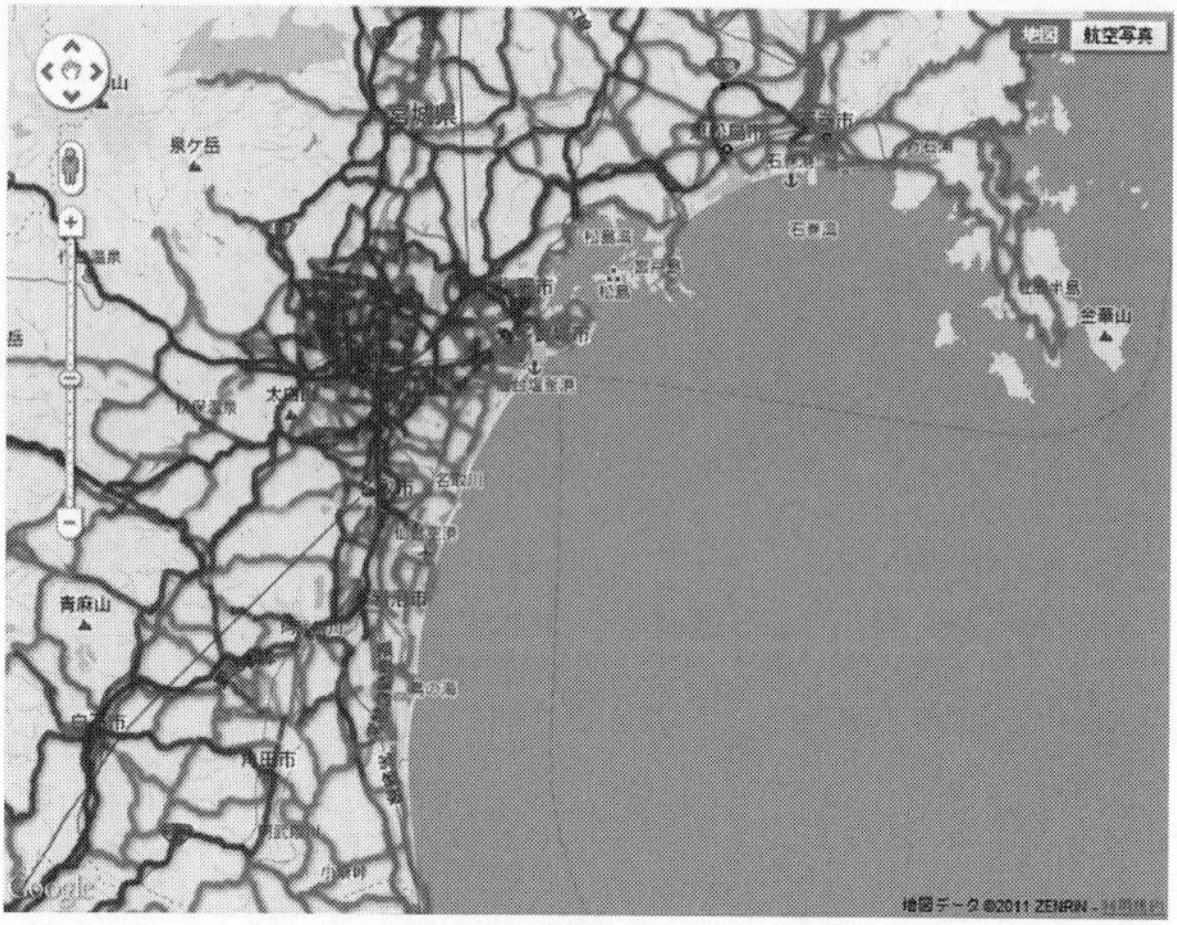

図3・9　ホンダとGoogleが協力して作った自動車・通行実績情報マップ
http://www.google.org/crisisresponse/kiroku311/chapter_12.html

ドにもなり、将来的に点検ロボットやメッセンジャーロボットが導入されれば、それらのガイドにもなる。さらに平常時はそれらの目的に使われるチップが、災害が起こったときには、レスキューロボットのガイドや、橋やトンネルなどの倒壊の可能性評価などにも使えるようになるだろう。

　その場合、道路管理者がすべての道路にセンサーを設置するという閉じたIoT的方式での対応には限界がある。重要幹線道路はカバーできたとしても、それをすべての道路などの社会インフラで行うことは、これからの日本の財政状況で許されるかは疑問だろう。だからこそ重要になるのがオープンＩｏＴという考え方なのだ。

東日本大震災でホンダがカーナビデータを吸い上げて集計しＧｏｏｇｌｅと協力しマップに反映した（図３・９）。どの道が通れるかの実績情報がインターネットで誰でも見ることができるようになり、援助にも復旧状態の把握にも有用だった。

この延長線で考えるなら、自動車から集めるビッグデータには、単なる交通状況でない「道路の状況」が把握できるという大きな可能性がある。「多くの車がここで止まっている。多くの車が特定の天気においてここで減速する」といったデータが得られれば、道路の状況について多くのことがわかるだろう。

それを電光掲示板による注意喚起にフィードバックさせたり、道路の保守点検、予防修理、道路設計の高度化にも活かせる。道路にセンサーを埋め込むだけでなく、走っている自動車を道路状態のセンサーにするわけだ。

これはまさにＩｏＴだが、同時に「閉じたＩｏＴ」と「オープンなＩｏＴ」の境にある問題を浮き彫りにする例だ。技術的に十分可能でも、クローズな環境ならいざ知らず、それがオープンな社会で許されるかは制度の問題である。個々の自動車の状況情報を集めることは社会に認められるか？――というように、「オープンなＩｏＴ」には哲学が必要だ。

そして「オープンなＩｏＴ」は、ビッグデータ処理技術との関係でそこから集めうるデータを公共のために積極的に公開するかどうかというオープンデータ化についても考えなければならなくなる。そしてそれはまさにＩｏＴの社会化を考えることでもあるのだ。

何度も述べてきたとおり、境界が明確なシステムでは、特定のシステム管理主体がその全体機能についてギャランティ（保証）するが、オープンシステムは――インターネットがその典型であるが、特定のシステム管理主体はなく、その全体についてギャランティは不可能で、個々の関係者のベストエフォートにより成り立たざるをえない。

道路交通網がその典型であるが、道路交通法や自動車保険などさまざまな社会制度により、技術の不足を補って成り立っているというのも、オープンシステムの特徴である。

しかし、まさにベストエフォートで境界が不明確だからこそ、オープンなシステムは社会のイノベーションに大きな力を発揮する。インターネットの技術開発の時点で、現在のその応用のほとんどは予見もされていなかった。コンピューターをローカルネットワークを超えて繋ぐという目的は明確だったが、その応用に関しては研究用という程度で確定したものではなかった。

しかし、予見できない革新こそがイノベーションであるという定義からいって、プロトコルの工夫でWWWを始めとする予見できない応用を生むことができたというそのオープン性こそが、もっとも重要な、インターネットのアーキテクチャ的な優位性の本質であったと言っても過言ではないだろう。

日本の組織・個人は、一般に責任感が強く失敗を恐れる傾向が強い、いわばギャランティ志向である。ギャランティ志向は、ベストエフォートにより成り立たざるをえないオープンなシステムとは親和性が悪い。そのことがインターネットを始めとする、現在主流のオープンな情報システムを構築する上で、日本が後手に回る要因になっているように見受けられる。

IoTの研究開発においても、日本は研究は先行していたものの、米インテル社がIoT事業本部を設立するなど欧米がIoTをビジネス化しようとしているときに、日本の動きは遅く感じる。もちろん日本のIT企業も最近は「IoT、IoT」と言っているが、研究段階が終わり社会への出口を見つける段階になって、技術以外の要素が問題になり、オープンな情報システム構築に不得手なギャランティ志向であることが、大きな足かせになっていることは想像に難くない。

オープン化とガバナンスの溝

我が国においてクローズ環境では、すでにユビキタス技術は実用化している。例えば、ある特定の会社のひとつの工場の中だけで、ある製品がどう作られているかを管理・トレースするシステムはすでにある。電子タグやバーコードで製造工程の管理を行うということはすでに盛んに行われている。

日本の会社は特に製造管理は非常に厳しく行っているので、ある会社が、ある工場の中だけという閉じた環境では、すでに完成の域に達していると言ってもいいだろう。しかし、これらを閉じないでオープン化する――すなわち自分の工場で使うためだけに電子タグやバーコードを付けるのではなく、製造管理に使っていたIDをもっとオープンにしていろいろな人に使わせるといったことはほとんど行われていない。

例えば、この図3・10ではりんごにバーコードが付いている。利用方法は当然POSレジでの売り上げ計算と管理のために使うことだ。しかし、これがucodeで個体識別できるオープンなIDならば、このりんごに農薬がどれだけ使われているのかとか、また誰がどうやって、いつ作ったのかをオープンにしていくという食品トレーサビリティの利用が可能になる。農家からマーケット、マーケットから消費者までのトレーサビリティをこの電子タグを使って、すべてがシームレスに繋がるような管理を行える。

現在のスーパーマーケットでくだもの、野菜などに付いているバーコードのＩＤは、そのスーパーマーケットのみの閉じたものだ。他のスーパーマーケットに持って行ったらりんごと認識することすらできないし、それどころか同じ番号がみかんに付いていたら誤認識されるかもしれない。これに対して、ＩＤがオープンというのは、生産者や流通業者だけでなくエンドユーザにも使えるようにするということだ。

しかしそうすると、このＩＤによって管理だけでなく流通過程で生まれるデータは誰のものなのかといったことも考えなければならなくなる。

東京都新宿の街灯には東京都が管理に使うｕｃｏｄｅタグが付いているが、この利用をオープンにすれば、一般の人がスマートフォンを近づけると地図が出てくるとか、近い駅が出てくるとか、近い駅から電車がいつ発車するのかといったリアルタイムな情報が得られるなどいろいろな可能性が出てくる。

技術的にはｕｃｏｄｅで個体識別はできる。残る大きな課題は、このオープン化をどう進めるのかということなのだ。そのために制度面の課題が重要になる。

図 3・10　りんごに付けたucode：ucodeQRをスマホで読み取ると生産物情報が出てくる（青森県、YRP UNL）

例えば、公道にチップを付けるときに勝手に付けるわけにはいかないのは当然としても、それを使う――データを読み取る、ｕｃｏｄｅだけを知るなどにも許可がいるのかなどを決めなければならない。法律の改定も必要だろう。

またたくさんの人たちがこのタグを使うときの責任分界点、情報が正しいか正しくないか、それにより問題が出たとき誰が責任をとるのか、といったことも考えなければいけない。それと関連して保険などの制度も見直す必要があるだろう。さらにはプライバシーとパブリック、特にガバナンスの問題が重要になってくる。

技術先行に陥る日本

「ガバナンス」は日本人にはわかりづらい概念かもしれない。「企業統治」などと訳されるが、「統治」というより責任の所在、誰に判断させるのかを決めるといった権限など複雑な要因が絡み合った、日本語には適切な訳語のない概念だ。そしてオープンなシステムにおいて、実は技術以上に重要なのがこのガバナンスの問題なのである。

ＩｏＴにおけるガバナンスをどうやって考えていくか、オープンにしたたくさんのＩＣタグを誰の責任でどうやって運用していくのかは一言で言える問題ではなく、関係者も多く複雑な問題のため、それをひとつひとつ分解して具体的に考えなければいけない。技術の問題はその後──望ましいガバナンスのあり方が決まった上で、それをどう技術的にオペレーションするかという順番で考えなければ、社会的に受け入れられない。

こういった複雑な制度を考えるのが得意なのがヨーロッパだ。ＥＵは多くの国の集まりであるため、組織が複雑になっていったときに、誰の権限でどうやってものを決めるのか、ネゴシエーションをどう行うかなど、日本人がやっていないことを辛抱強くやっている。

ＩｏＴに関しても、ＥＵが日本に先行しているのはその点だろう。日本人はそういったことがあまり得意ではないので、どうしても技術先行で考えてしまう。技術的に可能という実証実験まではこぎつけても、結果的にその先の社会への出口を見つけることができず、埋もれてしまう技術は多い。

「データのガバナンス」と「制御のガバナンス」

ガバナンスの問題をきちんと考えると、大きく分けて「データのガバナンス」と「制御のガバナンス」とがある。ＩｏＴでも、この考え方を最初にきちんと決めてサービスの約款にしておかないと、後でもめ事の原因になりそうということでサービス側が萎縮《いしゅく》してしまう。

データのガバナンスは、具体的には、社会活動の中で生まれてくるデータは誰のものなのかという問題だ。例えば、携帯電話を持っているユーザがどこにいるかという情報は、実は電話会社のサーバーに常に記録されている。では、そのデータは電話機を持っている人のものなのか、電話会社のものなのか、そしてそれを誰が使っていいのかというのがデータのガバナンスだ。

一方、制御のガバナンスは、例えば家庭にある機器の制御権が、その家の特定の人に属する——つまりその人だけ制御できるのか、他の人は制御できないのか、制御権を他の人に渡せるか、他の人より優先順位をもって制御できるのかといった問題だ。その家に属する——その場合は、その家のローカルネットワークからなら制御を受け付けるという感じになるのか、特定の人の制御権との組み合わせとなるのか。利用者や家でなく、そのサービスの提供者に属するというガバナンスも考えられる。

スマートグリッドの課題

そのようなデータと制御のガバナンスの問題を、電力網のＩｏＴ化ともいえるスマートグリッドを例に考えてみよう。

「グリッド」とは電力網のことだが、電力網は需要と供給が大きくずれると障害が発生する。最悪の場合、停電――さらには電力崩壊して発電機や変電所が壊れて復旧に多大な時間がかかることもある。そのため、常に発電量と電力消費量のバランスをとり続けなければならないのだが、従来、電力会社は電力供給側――発電所・変電所・送電網などで電力供給量を決める「サプライサイド・マネジメント」しかできなかった。

常に電力需要を予測し、多すぎず少なすぎないように調整し続けるという、細心の管理が必要だ。そのために日本の電力会社は、従来、電力メーターをネットワークに繋ぎ、精緻な予測を行うことで、東日本大震災以前は年間停電時間14分という世界でも稀《まれ》な短い停電時間を達成してきた（ちなみに、欧米は50～90分、中国は13時間）。これはまさに日本的な閉じたＩｏＴの成功例といってもいい。

しかし、東日本大震災により状況が変わる。足りない供給で電力崩壊にならないように、需要をカットする「計画停電」が行われるようになった。節電と言ってもその効果を確実に予測できないので、確実に効果を予測できる送電網単位の需要切りを行ったわけだ。

しかし、このとき問題になったのが、病院を含む送電網は除外するとしても、家庭で医療機器を利用しないといけない自宅療養患者への配慮の問題だ。そこで浮かび上がったのが「デマンドサイド・マネジメント」という考え方だ。

ネットワークに繋がったコンピューター組込みの「賢い電力メーター――スマートメーター」を利用する「スマートグリッド」は従来型の日本的な閉じたＩｏＴと変わらないようだ。実はここでも大きな違いは、スマートメーターの持つガバナンスである。従来は、電力会社は家庭の電力メーターまでがガバナンスの範囲で、家庭の中で電気が何に使われているのかの細かいデータもないし、料金未納でその利用を止めるときも完全に止めるか、止めないかだけだった。

それに対し、スマートグリッド構想のデマンドサイド・マネジメントでは、電力メーターが家庭内のネットワーク経由で家庭の電化製品の電力利用データを取ったり、さらにはそれらを制御することまで考えられている。ビッグデータを元に、より正確な電力需要予測もできるし、万が一災害等で電力受給が逼迫《ひっぱく》しても、電灯は点けておくが消費量の大きい電気ヒーターは切るといったことも可能。電力供給と需要をほとんどずれなく調整できる。従来は突然の需要でもバランスを取れるようにするため、常に多めに発電して余った分の電力は捨てていたが、そのロスを最小限にできる。

電力会社がメーター経由で家庭を覗《のぞ》いているようで、プライバシー的に気になる方もいるかもしれない。しかし家庭内の状況がわかるということは、この部屋は病人がいるので、夏場に電力が危なくなってもこの部屋のエアコンと医療機器のみは活かしておくような細かいマネジメントが可能ということでもある。この場合、家人が優先順位を決め、電力会社が判断して電気を制御するというガバナンスになるわけだ。

米国発のスマートグリッド構想

１９９０年代後半に始まったカリフォルニア州の電力自由化後、さまざまな理由でシステムが不安定化し、結果として大規模な輪番停電が繰り返された。また、２００３年の夏の北米大停電もあり、米国では電力供給の安定化が強く叫ばれるようになった。

カリフォルニア州では、電力自由化による発送電分離や、多様な発電会社の参入などにより、いわば電力システムの多様化・分散化が進み、それが明らかにその時点での不安定化の一因であったことは確かであった。しかし、米国では「だから一律化・集中化に戻そう」というのでなく、多様化・分散化しても自律的に安定する情報ネットワークに支えられた「賢い電力網」――スマートグリッドを実現することで安定性を実現しようとしたのである。

これはもともと米国の送電網が脆弱だったことが理由だ。例えば、インフラの古い北米では、自由化に関係なく2003年以前にも、1965年、1977年と大停電を引き起こしている。特にカナダも含み29時間ものあいだ5000万人が被害を受けたとされる2003年の北米大停電は、樹の枝の落下が送電線を切ったことによる需給バランスの乱れに電力網が対応できず、連鎖反応的に電力崩壊が進行したためと言われている。

米国ではそのような経験から、従来型の集中制御方式には限界があり、むしろスマートグリッドの自律分散的な需給バランス調整によって、コストを抑えながら、事故等による突発的な負荷変動に対しても強靭《きょうじん》性を高めるという、システム設計コンセプト上の判断を行った。

米国政府では2003年のエネルギー省の「Grid2030」レポートを経て、2007年には投資資金補助や試験プロジェクトに1億ドル、2009年には景気刺激策として関連分野への110億ドルの拠出を決めている。その結果、スマートメーターの導入については、42州で政策として進んでおり、一部は取付け段階にある。

また2011年から2020年頃までに、スマートメーターを通信ノードとして、家庭内の電気を使用する機器類を供給側から遠隔モニタリングし制御するデマンドサイド・マネジメントの実施、電気自動車やプラグインハイブリッド車を含む、家庭での蓄電能力設置とスマートグリッドとの連携が計画されている。さらに２０３０年までには、電力網に係わるあらゆる機器類が自己判断し負荷制御を行う、完全自律分散システム化を目指している。

通信分野においていえば、米国は集中的な通信ネットワークが核攻撃などに弱いということで自律分散的なインターネットを開発し、それにより通信網の強靭性を実現し、さらにオープン化することにより米国産業のアドバンテージに繋げた。このような安全保障を目指して政府が技術開発を推進し、オープン化して経済的優位性に繋げるという米国の成功モデルを、スマートグリッド分野においても積極的に実現したのだ。

日本型スマートグリッドの限界

これに対し、日本では東日本大震災以前は家庭内まで含めたスマートグリッドについて、関係者に大きなインセンティブがなかった。当時、日本も規制緩和の流れから電力自由化に向けて検討していたが、米国の混乱状況を見て「電力供給の安定化」という同じ命題について異なる道を選ぶこととなった。先に述べた、日本型の閉じた「スマートグリッド」である。

米国型のオープンなスマートグリッドで、重要な要素である、自家発電設備を持つ事業所や太陽光パネルを持つ家庭からの余剰電力の利用——分散発電コンセプトの一般化について、日本の電力会社としては低品質の電源が電力網に不安定性を持ち込むとして、むしろ避けたいと考えていたようである。このような事情の違いにより、スマートグリッドに対する姿勢は日米で対照的なものとなってしまった。

日本的なクローズなスマートグリッドの優秀性のゆえに、日本ではオープンなスマートグリッドについての目処が立たず、小規模な実験が繰り返される程度で、新築住宅などでの太陽光発電と小型コジェネレーション装置といった家庭内発電での取り組みがまず進められている状況であった。

しかし3・11の東日本大震災以降、日本の状況も大きく変わってしまった。これだけの災害を前提にすると、いかによくできていても、現行の集中型の配電網では限界があるということが明らかになった。どのような有事にあっても、ある程度の生存性を維持するには、やはりインターネットのような末端まで含めた徹底した自律分散システムでないと不可能であるということなのだ。

ガバナンス面での日本の弱さ

日本において問題なのは、スマートグリッドについても、省エネとかせいぜい災害耐性といった程度でのメリットの説明が先行し、先に述べたデマンドサイド・マネジメントのようなガバナンスの大きな変更を伴うことに対する認識が一般化せず、今日まできてしまったということである。

技術面と最終利用イメージばかりが注目され、社会的にそれを実現するにあたり必要な制度面での改革が積み残されるのは、日本におけるイノベーションの出口戦略の弱さに繋がっている。

特定の組織が運用する閉じたシステム――例えば従来の日本型スマートグリッドでは、ガバナンスは単純だ。配電側は電気の安定供給に責任を持つが、その利用にはタッチしない。しかし、関係者の権利が複雑に絡み合うオープン型でそれを実現しようとしたとたん、多くの制度の調整や責任問題の整理などが必要になってくる。

スマートグリッドもそうだが、ＩｏＴの名で今喧伝《けんでん》されている各種の理想サービスは、多くのものが、政府・自治体・民間・個人の複雑な連携により実現されるオープンなＩｏＴを前提としたものだ。

例えば、先端機能を持つビルの気象センサーの情報を、周辺のビルでも空調制御に利用するようなことを考えた場合、その複雑な連携自体は、確かに情報システムにより技術的には可能になる。しかし、このような役割分担を権限、責任、さらにはセキュリティやインセンティブの観点から現実的なものにするには、技術以外の点で多くの難しい問題をはらんでいる。そして、このようなガバナンスの変更は日本の組織文化が最も不得手とするものであり、技術面よりも、むしろその面で日本のＩｏＴの未来は危惧《きぐ》されるのである。

4、オープン・イノベーションを求めて

既得権益を解体せよ

米国で何かをやると多くの場合、最初は失敗する。失敗するが、その失敗体験を分析し、次の新しいステージに上がる挑戦を何度も繰り返し、最後は成功をつかむというのが米国

の王道パターンだ。むしろ失敗を背景に「チェンジ」を正当化し、「失敗したから体制を変えるしかない」「失敗したから人員をチェンジする」など──既存のクローズシステムの既得権益者を切り捨てるために、意図的にそうしているのではないかと思うほどだ。

失敗が根本的なシステム改革を押し切る原動力に変わり、既得権益者が残っていたらできないようなオープン化を実現する。先の電力自由化からスマートグリッド化に行く流れは、いい例だろう。そして、実現したオープンの優位さを背景に、米国発グローバルスタンダードとして世界を席巻《せっけん》するわけだ。

それに対して日本の場合は、最初からは失敗しない。慎重で細かく気を遣って作りこむからだ。しかし、人間の社会はどんどん変わる。テクノロジーもどんどん変わる。実は同時にガバナンスやギャランティの与え方とか、それを主導する主体は誰かなどの制度面も変わっていく。ところが、成功してしまった組織はそれについていけない。テクノロジーの変化にはついていけるかもしれないが、最適化して既得権益の塊になった社会的なクローズドシステムが残り、変化に対抗する。

革新を阻む日本型ビジネスモデル

典型的なのが携帯電話の例だ。デジタル携帯電話を細かく進歩させてインターネットまで使えるようにした日本の「ケータイ」――フィーチャーフォンは一時世界の最先端だった。スマートフォンが出始めた頃、ブラウザ機能もメールも電子地図も全部日本のケータイでできるというような声を通信業者――キャリアからも端末メーカーからもよく聞いたものだ。

実際、日本で技術的にスマートフォンが作れなかったわけではない。相当似たものも作っていた。しかしスマートフォンの本質が、技術でなくガバナンスの問題だということに気が付いている人はいなかった。

携帯電話で言えば、端末とキャリアがどういう制度で関係しているかがガバナンスの本質であり、そこでスマートフォンとケータイの違いがはっきりする。言い換えれば、誰がスマートフォンの世界をコントロールしているのかということだ。今になってみれば、ケータイとスマートフォンとの違いは日本においてはガバナンス的なもの――キャリアからのオープンだったのだ。

ケータイではキャリアがガバナンスを完全に持っていた。電電公社時代の黒電話に近い感じだ。それが、スマートフォンになることによって、ＯＳメーカーの方にガバナンスが移っていった。そこが日本においては真に重要なポイントだったのだ。それにより、アプリがキャリアの縛りから離れ、ＯＳメーカーのマーケットから自由にインストールして、キャリアと無関係ないろいろなクラウドサービスが利用できるようになった。

日本の携帯電話のビジネスモデルは世界的には特殊で、キャリアがメーカーに開発援助する代わりに端末仕様を決めるという、キャリアが徹底支配するガバナンスだった。そのためにＳＩＭロックが出てきたぐらいだ。せっかく開発援助した端末を別のキャリアのために使われてはたまらないから、ＳＩＭロックして別のキャリアに移ったときにはその端末を使えなくする必要があった。

そういうガバナンスがＮＴＴドコモのｉ‐ｍｏｄｅのような成功を生んだ。非常に高度な端末が１００億円単位とも言われた開発補助金により安く提供され、キャリア間の加入者競争がサービス戦争に繋がり、それに対応してユーザがどんどん端末を買い換え、どんどん進化して、端末メーカーとキャリアの両方が成長する原動力になったことは間違いない。

しかし、そういうクローズモデルで成功したからこそ、スマートフォンが出てきた時に、オープン路線に切り替えられなかった。サービスをすべて支配下におくから自分たちが保証――ギャランティできるという考え方。「お客様の安全第一」という言葉の下に端末内の資源をクローズにし、プリインストールのアプリからしか使わせない。第三者提供のｉ・ｍｏｄｅアプリから使わせるときは徹底的な審査をするし、それでも一部の機能は絶対禁止。オープン的な思考は良くないという考え――強いクローズ志向だ。

操作性の統一とかサービスの同時提供のために、メーカーの工夫や端末間の差異にも制限をつけ、キャリアが決めた仕様に従わせる。逆にいうと、メーカー全部が横並びできるボタンと単純な階層メニューの組み合わせで、それ以外は認められない。そういう状況では、従来の操作性を一新するような革新的なユーザエクスペリエンスなど出てきようがなかった。

海外スマートフォン上陸の衝撃

そこに、まったくケータイと関係ない海外のメーカー――Ａｐｐｌｅ社からスマートフォンが出てきた。当初よりインターネット利用が大前提で、パーソナルコンピューターの文化から進化したコンセプトの製品だった。

当然、Ａｐｐｌｅ社は日本の従来の携帯電話業界のガバナンス構造など考慮しない。キャリアの縛りなしに、世界中のいろいろな人がアプリを開発して、それを全世界に向けて簡単に配れるマーケットが、最初からセットされている。その結果、いろいろなイノベーションが続々と起きてきて、魅力的なサービスがどんどん使えるようになった。

今までずっとクローズモデルでうまくやってきたのが、いきなりオープンだと言われては、日本のモデルが破綻《はたん》してしまう――まさに黒船である。キャリアはスマートフォンに手の平を返した。それだけならまだしも、スマートフォンで従来のキャリアの囲い込みサービスが続けられるように、Ａｐｐｌｅよりはまだ手の出しようがあるＡｎｄｒｏｉｄで急遽《きゅうきょ》キャリアサービス向けアプリを作れという作戦に出た。

仕様を自分で考えず、開発補助金のおかげで革新の必要もなく安泰としていた日本の端末メーカーが、慣れない開発環境で無理して作ったアプリの品質はとても褒められたものではなかった。しかし、囲い込みサービス存続を願ったキャリアは、日本メーカーにそれらのアプリケーションをプリインストールした端末を、従来型のガバナンスで作らせ買い上げて売りだした。ハードも手馴《てな》れず、できの悪いアプリケーションを大量にプリインストールした初期の日本製スマートフォンは、とても誇れるような品質ではなく、それが日本製端末の評判を地に落とし、日本の端末メーカーの凋落《ちょうらく》の出発点となっていった。

今や決着はついてしまったが、振り返ってみれば、このときが従来の「クローズ型ガバナンス」とスマートフォンが持ち込んだ新しい「オープン型ガバナンス」との戦いの始まりだったことがわかる。

ネットワーク社会の進展により、オープン、ベストエフォート、マッシュアップなどの考え方が、イノベーションの速度を加速する原動力であることがはっきりしてきた。ネットワークの本質が他との連携だからだ。連携をより簡単に、より低価格に、よりすばやくできる基盤ができた以上、その変化を活かせたものが勝者になる。

従来型の系列や企業連合といったクローズな連携では、多大のすりあわせによりどう連携するかを詰めないと先へ進めない。それに対し、汎用《はんよう》ルールを決めそれに従うものはすべて拒まないというオープンな連携は、そのゆるさ故にネットのスピードを活かしてすぐ始められる。

これは「クローズ」「緻密」「すりあわせ」「自己完結」「ギャランティ」を尊ぶ日本のビジネスが今まで向いていた方向と正反対な志向だ。世界が進むオープン化の方向——ネットワーク時代のビジネスに、残念ながら日本はうまく対応できなくなっているようだ。

「スティーブ・ジョブズは、なぜ日本に生まれないのか」

そして、世界はオープンにより加速するイノベーション競争の時代に入っている。イノベーションというのは進化論の世界。こうすれば必ず成功するなどというものはイノベーションではない。つまりイノベーションを達成するには、単にやってみる回数を増やす以外に王道はない。

いろいろなアイデアが出ていろいろなチャレンジをする中から、例えば１０００回のチャレンジで成功するのは3回くらい。誰か偉い人が方向性を決めて、ターゲットに向かって皆が資源を集中して効率よく進める——日本の産業政策の基本の「ターゲティング政策」は、そういうイノベーションに対してはまったく無力だ。１００人いるのなら１００人に自由にやらせて、その中で一番いいものが勝っていく。そういう進化論的状況を作らない限りイノベーションは出てこない。

では、チャレンジを増やすにはどうするかといえば、これはもうチャレンジできる環境を整備することに尽きる。オープンがイノベーションに重要なのは、まさに確実にチャレンジを増やすインフラになるからだ。逆にチャレンジできる環境が無いのならば、独創性がいくらあってもうまくいかない――今、そういう時代になってきているのだ。

「スティーブ・ジョブズは、なぜ日本に生まれないのか？」とよく言われるが、生まれないのではなくて、もし生まれても日本では成功できないだろう。というか、スティーブ・ジョブズのような人間だと多分うまくいかない。その理由は、結局日本の環境が合っていないからだ。

一方、世界に目を向けると、新しい技術がチャレンジをどんどん容易にしている。開発もそうだが、ソフトウェアやコンテンツのネットワーク流通が驚異的に簡単になった。

パソコンのパッケージアプリケーションが箱入りで店頭で売られていた時代――問屋などの流通に筋を通し在庫を置いてもらい、さらには北海道から沖縄まで直接パソコンショップに売り込みに行く営業マンも必要だった。今は簡単で、ウェブサービスならサイトを立ち上げるだけ。スマートフォンのアプリならさらに簡単でアプリをマーケットにアップすれば全世界に流通できる。代金も自動的に入ってくる。広告型のビジネスモデルならそれもいらない。もちろん多くの人に使ってもらうためのマーケティング努力も必要だが、基本はすべてインターネットの中のこと――優秀な人間が数人で世界を相手にビッグビジネスができることは、フェイスブックを始めとする多くのベンチャー企業が証明している。

そういう意味で、技術がチャレンジをどんどん簡単にしているのだ。文字どおり「失敗を恐れるな」と若者に言えるようになった。何回でも失敗できる時代になったし、その先にしかイノベーションはない。どんどんチャレンジして、いいと思うものを作ってネットの中に上げれば、それで大成功できるかもしれない。これは30年前には考えられなかったことだ。チャレンジする人にとっては、すばらしい環境だ。

しかし、それは同時に非常に不安定な時代になったということでもある。「変わらずいいものを、こつこつ作っていれば認められる」というような、日本人の求める安定感が見いだせない世界だからだ。

ネットの技術は必然的にグローバルに変化しているから、世界のライバルと環境は同じだ。しかし、情報通信分野で「電子立国日本」などと誇っていたのが今や嘘のよう――どんどん弱くなっているのは、やはり「オープン」ということに対して日本の志向が合わないからではないかと思う。そういうオープンな考え方を、哲学や根本的レベルから理解しないと、小手先ではいけないところにまできているのではないだろうか。

個人の権利から事業者側の義務へ

哲学とＩｏＴとの関係で最も重要なのは、プライバシーに対する考え方だろう。例えば英国では、救急隊員が使った手袋でゴムアレルギーの人が亡くなるという事故があったため、個人の健康データを自治体が預かり、救急車が呼ばれるとき、患者宅に着く前に救急隊員がそのデータを見られる制度ができた。

ヘルスデータがクラウドに蓄積される時代、救急のために時間に余裕のない状況で、医療関係者ならプライベートデータにアクセスできるといった制度を作るには、「ただ守れ」というだけでないプライバシーとパブリック（公共）のバランスの哲学が重要になる。

オープンデータを実現するなら、プライバシーデータをどう扱うかということについての制度の明確化が必要だ。クラウドサービスやＳＮＳが広まる現在、サービスを受けるには個人情報をサービス側に渡すことは不可避なことという認識が広まり、個人が個人情報を出さないというのは非現実的になってきた。

自分の情報の流れを独占的にコントロールできるという「個人の権利」とするのでなく、個人情報を受けた（受け取ってしまった）側が、状況に応じて適切に扱う「事業者側の義務」としてプライバシーを定義しなおし、そのコンセプトのもとに制度を再構築することが必要になっているのではないだろうか。

例えば、東日本大震災でホンダがカーナビデータを吸い上げて集計し、Ｇｏｏｇｌｅと協力してマップに反映したという事例を前に述べた。それにより、どの道が通れるのかなどが明示され、援助や復旧計画に非常に有用だった。しかし、これは非常時だからこそ大きな問題にならなかったが、旧来的なプライバシーの概念からすると問題はあるだろう。

カーナビデータの利用としてこのようなケースは想定されておらず、これについての個人の事前許可を受けてはいなかったからだ。実際、通行規制をすり抜けて通ってはいけない道を通っている一般車両があることが明示化されたりしており、平時であれば道路交通法違反者として問題になってもおかしくない。

だが個人情報を受けた（受け取ってしまった）側が、状況に応じて個人の利益に反しないように適切に扱う「事業者側の義務」としてプライバシーを再定義すれば、このケースは利用した「意図の正当性」の問題となり、震災時ということを考えれば十分認められる範囲となる。

ここで重要なのは、「意図の正当性」の公的な事後評価の制度設計で、海事裁判所のような専門的な一種の「情報利用裁判所」といった機関を設けることが必要になるかもしれない。そこで審査し、意図が認めがたいものということになれば事業者には罰則——事後的な抑止力によりプライバシーの濫用を防ぐという制度設計である。

例えば、個人情報を利用した商品リコメンドと、それをスパムメール業者に売り渡すことのあいだには、さまざまな濃度のグレーゾーンが存在し、その判定は機械的処理ができることではない。そのため人間系の判断機構がぜひ必要になる。現行のような、許されるサービスを列挙したポジティブリスト型の許認可制度体系の下では、技術進歩の激しい現代においてイノベーティブなネットサービスの迅速な提供は不可能だ。

一方、それと表裏一体の関係で、ネット時代のパブリック——個人の社会的責任というものも、見直しが必要だろう。実は携帯電話会社は各端末の位置データをすべて記憶している。災害時にそのデータを利用できれば、公共的にも非常に有用なデータだ。しかしプライバシー問題の制度設計が十分にできていないために、基本的には門外不出となっていたのが我が国の現状だ。

ネットワーク時代のパブリックの概念として、状況に応じて個人が公共のために個人情報を積極的に出すといった社会的責任の確立が必要だ。このような公共概念はまさに、受けた（受け取ってしまった）側の適切な利用義務というプライバシーの概念と対になって初めて成立するのである。

何度も繰り返し述べているように、社会的に大きな課題というのは制度と社会的合意があって初めて成立する。オープンデータもその情報流通自体は技術的問題であっても、それを適切に利用するための制度があって、初めて適切な技術設計ができるのである。

現在の日本は、社会基盤の老朽化やエネルギー危機、災害の脅威、医療体制の懸念、高齢化社会、食の脆弱化ほか、いろいろな国家的課題であふれている。だが、オープンデータにより解決、もしくは緩和される課題は多い。

例えば重要社会基盤の老朽化では補修の必要な箇所の情報の関係者間での周知が保全全体の効率化に繋がるし、エネルギー危機に関しても、需要供給状況の情報の正確な把握がエネルギー安定供給を実現する。災害時の状況を把握し円滑に伝達することにより、災害復旧の効率化もはかることができる。医療機関と消防機関との間の情報伝達がスムーズに行われれば、医療救急体制の懸念も消えるだろうし、食の安全のためにはいつ誰がどこで作ったのかの把握と公開が必要となる。日本社会の急激な高齢化に関しては、高齢者の状態の情報把握から問題解決に繋がると考えられる。

しかし、今までの日本のＩＣＴ戦略は、技術で始まり技術で終わることが多く、出口戦略がなく、結果として使われないものになっている。ＩｏＴがその轍《てつ》を踏まないようにすること——そのためにも哲学が重要なのである。

ガバナンスチェンジの必要性

技術的に見ればＩｏＴ化が産業機器や家電など、組込みシステムのネットワーク化、高度化の先にある未来であることは確かだ。しかし、そこには、技術よりむしろガバナンスチェンジという大きなステップアップが必要で、これについて日本ははなはだ心もとない。

ＩＣＴそのものも間違いなく集中から分散に行っているが、その時に重要なのは、技術だけを分散にするのではなくガバナンスも「集中から分散に」「クローズからオープンに」する必要があるということだ。

例えば組込みシステムは生活に密着しているので、人間の状況情報もインターネットの中に入ってきて、当然、プライバシーの問題などいろいろな問題が出てくる。家電が全部ネットに繋がる時代のセキュリティの課題は重要な問題だと思うが、だからインターネットに繋がないのではなく、そういうことに対応していくための哲学が必要になるということだ。

「プライバシーだから出さなければいい――セキュリティ技術を強化すればいい」というならガバナンスは単純だ。しかし、オープンなIoTにおいては、複数の関係者がいる中で「適切に出す」「適切に使える」ことが求められる。重要なのは「適切」とはどういうことかというルールであり、それが決まって初めて技術でどうそのルールを守るかの検討ができるようになる。そして、そのルールを決めるのに必要なのが哲学だ。

すべてがインターネットに繋がるという時代になった時に、組込みシステムも今まで考えなかったようなガバナンスを考える必要が出てくる。組込み機器の使用によって日々生まれるさまざまなデータは誰のものか、制御できるのは誰か、ガバナンスは個人に属するか、その機器がある場所というコンテクストに属するか、さらには組込み機器を通じてサービスを提供する主体に属するか。何かトラブルがあったとき、誰が責任を取るかという責任の切り分けにも関係する。

エコのためになるなら地域で使用できるか。安全性向上のためならメーカーが利用できるか。そういう問題を考えていないといけない。そしてそれに対応し、現在の企業が社内のPCで作動させているポリシー管理機能のように、これからの組込みでは高度なデータと制御のガバナンス管理ができる機能も必要になってくるのだ。

ここ数年、エマージング・テクノロジー（新興技術）として常に話題になっていたＩｏＴが、現実のものとなってきた。そのコンセプトを全体のゴールとして始めたＴＲＯＮプロジェクトだが、そのスタートは30年前。ＩｏＴを実現するための技術基盤が確立した今、このようなことを考えている。

第4章　ＩｏＴ社会の実現と未来

1、すべては「ネットワーク」と「識別」からはじまる

実世界のモノ・空間・概念を識別する

ＩｏＴがすべてのモノがネットに繋《つな》がるシステムである以上、その実現にあたってはまず、モノをネットワーク、例えばインターネットに繋ぐ仕組みが必要になる。

モノと言ってもいろいろなものがあるので、繋ぎ方もそれぞれに合わせた方法が用意されなければならない。またそれがオープンなシステムであるなら何が繋がっているのかがわかる仕組みも必要。繋がるものが似たようなものでもすべてが区別できる仕組みが必要。さらに繋がったモノ同士が相互に情報を交換してひとつのことを行うにはその連携の仕組みも必要になる。連携させるためのデータを格納するデータベースなどを含め、考えなければならないことは多々ある。

人間の生活空間の状況が仮想空間の中で認識されること、つまりは状況がクラウドコンピューターの中でわかることによって、現実の世界、空間がネットワークの中に作られた

仮想空間と結ばれ、我々人間にとって有用なシステムになるようにしたい。

では現実世界がどうなっているかをどのように仮想空間の中で認識するのか。ＩｏＴの「T」の「Things」は「物品」「モノ」ということであり、それが従来の情報通信技術ＩＣＴの応用と異なるのは、人間の実生活空間にあるモノの状況、状態がわかり、種々のサービスと連携させられる点だ。ならば、まずモノの状況がわかる仕組みを作らなければならない。

具体的には、モノや人の位置などの空間情報、モノが何かや、人が誰かなどの属性情報、センサーのデータから認識された温度や湿度などの総体的状況情報をもとに、いろいろなアクションが起こせるシステムの実現である。

この実世界の状況を認識することを Context-awareness（状況意識）という。そしてContext-awareness を実現するためには、まず「これとこれは同じ」「これとこれは別」というように実世界のさまざまなモノや空間および概念を識別することが必要となる。

そのため、組織や応用を超えたオープンで汎用的な「同定」の仕組みが必要だ。人間の会話でも当然のように「これとこれは同じもの」とか、「ここは違う場所だ」とか、「これをあそこに運んでくれ」というように、暗黙のうちに同定が行われているわけであり、それがずれた場合には他者と連携することはできない。

uIDアーキテクチャとucode

そこで実世界にある識別したい個々のモノや空間および概念に対して、固定長整数を持つ唯一無二の固有識別子を付与することを考えた。簡単に言うなら区別したいものに違う番号を振るということ。これをｕｃｏｄｅ（ユーコード）という。

さらに、その番号をクラウドコンピュータにある情報共有空間に送ると、それを解釈し、そのモノや場所に関連する情報やサービスを見つけられるネットワーク的な仕組みを構築した。

また、それら固有の識別子を付与したモノ・空間・概念間の関係を使って実世界のコンテクストを表現する共通の表現フレームワーク（これを ucR Framework と呼ぶ）も規定した。これら全体をｕＩＤ（ユビキタスＩＤ）アーキテクチャという（図４・１）。

実世界の識別対象それぞれに振る固有識別子、つまり区別したいものに振る番号のことをｕｃｏｄｅというと述べたが、ｕＩＤアーキテクチャの特徴はその汎用性にある。物品だけでなく空間や概念にもｕｃｏｄｅを付与し、同じ方法で識別できるのだ。

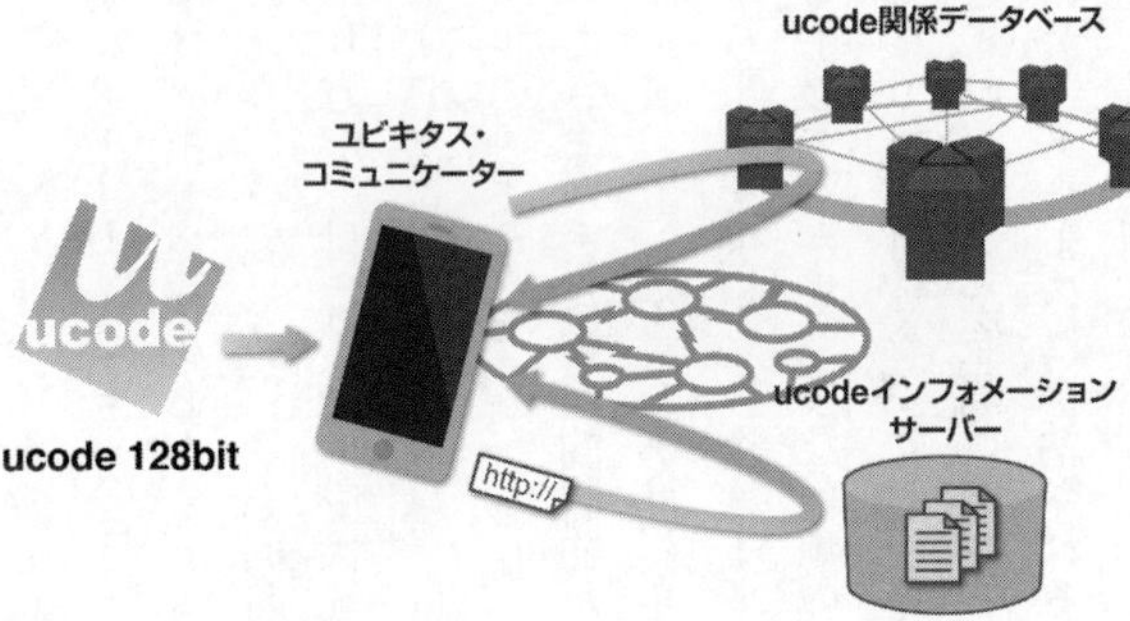

図４・１　uIDアーキテクチャ

概念とは、例えば「近くにある」とか「似ている」などモノや場所の関係を表すもの。実世界上のモノや空間および概念にｕｃｏｄｅを振ることによってｕＩＤアーキテクチャ上で区別したいものを区別し、違うモノとして取り扱えるだけでなく、その関係まで識別する。つまりコンピューターの中でモノ、空間、そしてそれらの関係が統一的に扱えるようになる。

　さて、ここまで理解していただいた上でさらにシステム実現に向かうには、まず区別したいモノや空間にそのためのｕｃｏｄｅを付けなければならない。例えばｕｃｏｄｅが番号ならそのまま数字でモノに書く。この方法は確かにわかりやすいし、やるのも簡単だ。

　しかしこれでは機械に読み取らせるのが面倒で

ある。そこでバーコードなどにｕｃｏｄｅを入れ機械読み取り可能とする。さらには電子タグ（ＲＦＩＤ＝Radio Frequency IDentifier／タグ＝荷札）を使い、電波でタグと通信し、半導体メモリに格納したｕｃｏｄｅを読み取る方法もある。数メートル離れていても読み取れたり、一度に数百個を同時読み取り可能などの利点もあるがコストは高い。いろいろなやり方が、付けるモノや状況、価格に応じてある。

ｕＩＤアーキテクチャは、ｕｃｏｄｅを格納し物品や場所に貼付するための媒体（これをｕｃｏｄｅタグという）を限定しない。実世界のモノや空間には、大きさや環境条件といったさまざまな物理的制約があり、またコストも制約となる。そのため制約に応じたバーコード、電力を電波で供給する電池などが入らないＲＦＩＤタグ（図４・２）、電池などから電源を供給し数百メートルも離れたところからでも内容が読み取れるアクティブセンサーなど、さまざまな種類のｕｃｏｄｅタグが使われることを想定している。

このｕｃｏｄｅタグには、基本的にｕｃｏｄｅのみを格納する。一方、ｕｃｏｄｅの埋め込まれたモノや空間に関する情報は、ネットワーク上にあるクラウドコンピューターの中のデータベースに格納される。このように、モノや空間の識別と情報の管理を分離することにより、例えばあるモノに関する情報をリアルタイムに更新する、あるモノに関係す

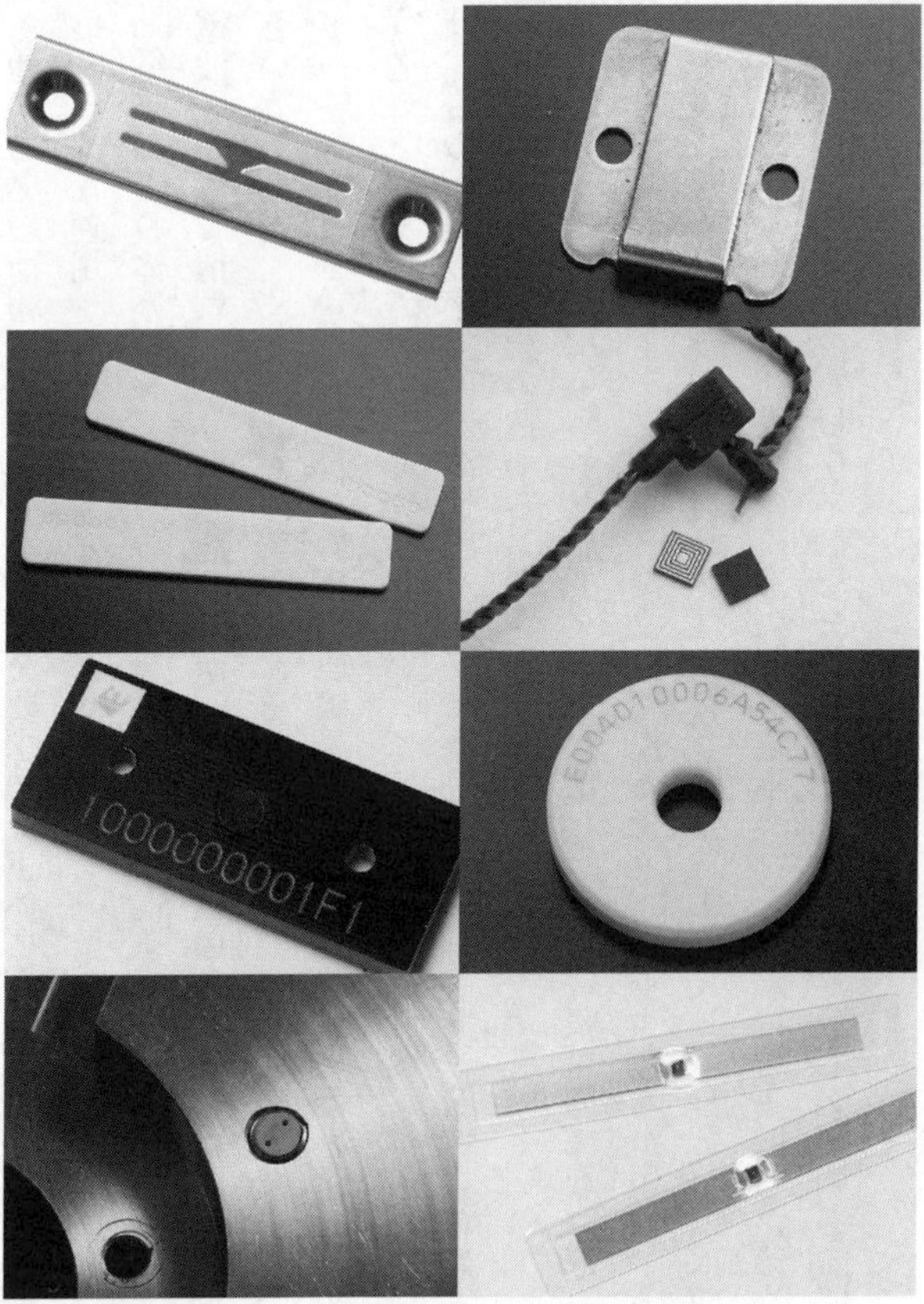

図４・２　ucodeの入ったさまざまなRFIDタグ：金属に付けられるもの、洗えるもの等、用途に応じていろいろな種類がある。

る他のモノの情報を取得する、情報を要求する主体に合わせて提供する情報を変える、というような運用が容易にできるのである。

従来のＩＤ体系やＲＦＩＤの国際標準はみな目的限定的であった。例えば、ＲＦＩＤは電波を使って情報のやり取りをするが、この周波数のＲＦＩＤは家畜に埋め込むタグ専用という具合だ。またそこから読み出せるデータも規定され限定的であった。ネットワークが一般的でなく、ローカルな情報処理が基本であった時代、効率化のためには目的を限定することが必要だったからだ。例えば、この周波数で反応するのは家畜と限定されていれば、この桁の数字で家畜の性別を表すというように、ＲＦＩＤ内に格納した少ないデータに効率的に情報を詰め込める（図４・３／上）。

しかし、モバイル・ネットワークが一般化し、常時接続可能になれば――まさに現代がそうなっているが――クラウド接続を前提とでき、効率よりも汎用性の方が重要となる。例えば、場所認識のために誘導ブロック下に設置するＲＦＩＤとしては前記の家畜用タグの周波数が望ましい。家畜の皮下に埋め込みそれを遠隔で読み取るため水分に妨害されにくい周波数帯を使っており、水たまりなどを通して読み取る必要のある路面下用としても有効だからだ（図４・３／下）。

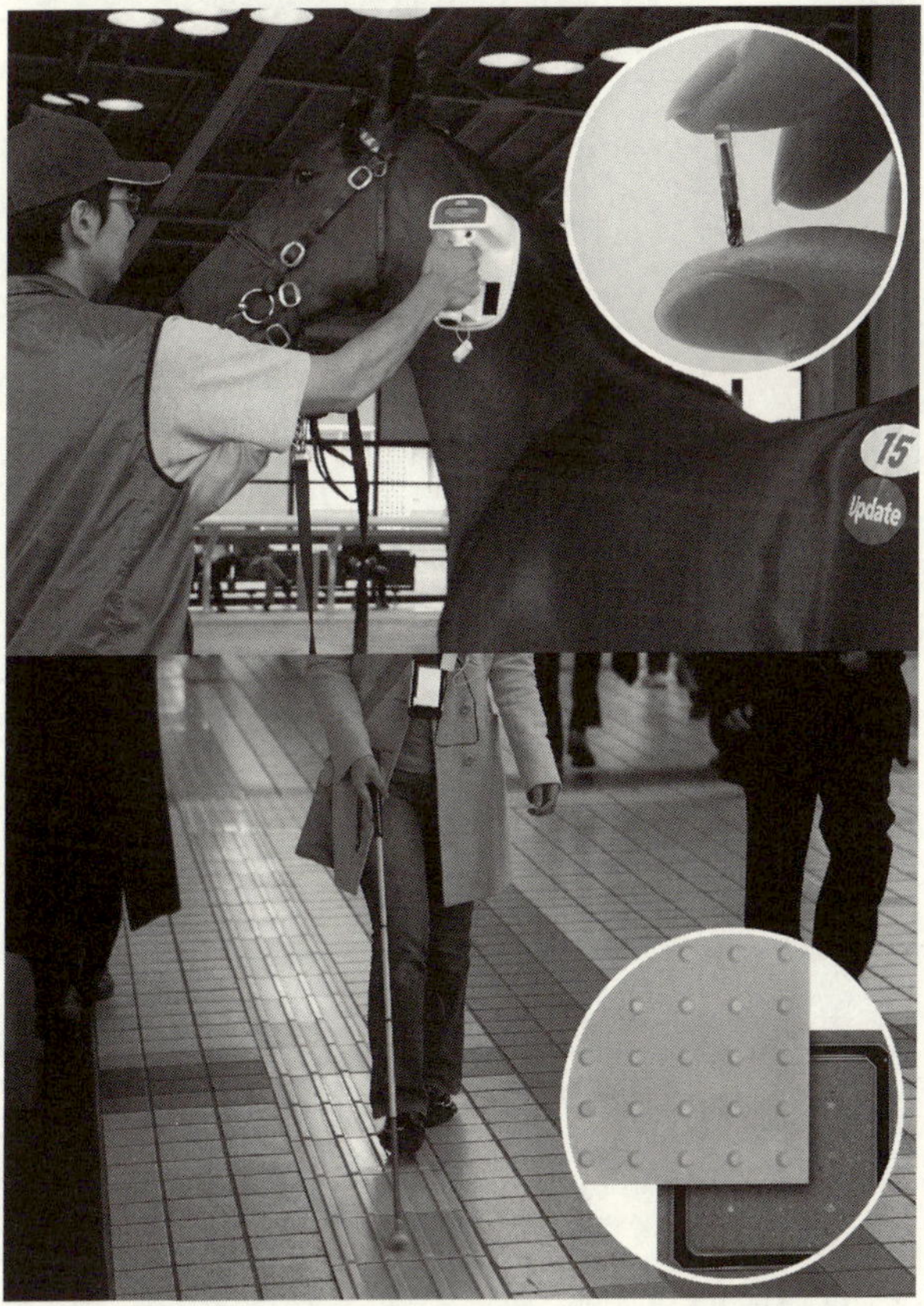

図4・3　競走馬の血統管理のためのucodeRFID（公益財団法人 ジャパン・スタッドブック・インターナショナル）と視覚障碍者を誘導するためのucodeRFID誘導ブロック

その場合、IDを読んだだけでは家畜か場所かわからないが、それをネットに送ればIDが対応している情報をクラウドで検索し、家畜なら家畜、場所なら場所の情報が返ってくるので、数字の解釈の違いのような問題は起こらない。

そして、このようなアーキテクチャ上の汎用性は、次に述べるように社会への出口を考える上で大きな意味を持つのである。

場所概念の標準化

状況認識で重要な識別の要素は「When, Where, What, Who」である。

「When」――時刻については、時計という客観的で正確な計測器がいたる所にあり、また時・分・秒で時刻を指定することも一般化しているため、これを元に連携することは容易だ。

しかし「Where」にあたる「組織や応用を超えて場所を同定する汎用的手法」が存在するかといえば、これがなかなか難しい。「緯度・経度・高度」の絶対座標値を使えば場所を特定できるという印象があるかもしれないが、人間の実生活の中で緯度・経度・高度で場所を指定することはほとんどない。また、緯度・経度・高度を測ることは、多くの個人がGPS機能付きスマートフォンを持つようになったことで身近にはなっているが、ビル街などでは誤差が大きいし、ビル内や地下街ではまったく使えない。

この問題がクローズアップされたのが、東日本大震災の後に行われた東京電力管内での計画停電エリア発表での混乱だ。住所による行政一般の場所認識と、東電の配電系統による場所認識の仕組みの間にはまったく相互運用性がなかった。そのため、東電は発表に当たり、配電系統による場所を住所に変換しようとしたが、同じ町内で別系統になったり、まったく違う自治体の一部が同じ配電系統だったりして、自分の家はどうなのかといった個人の知りたいことにうまく対応できなかった。これはまさに、組織や応用を超えて「Where」を同定する汎用的手法が存在しなかったために起こった混乱の典型例である。

IoTでは、ネットワークの中での場所概念の標準化が必要であり、この問題が解決されないと、オープンIoTの実現も不可能である。

この問題は、物品だけでなく、場所、さらには概念といったものにもucodeを振り、ネットワークの中で同定したいモノの同定と関係を記述するための「uIDアーキテクチャ」によって解決できると思っている。

ここで注意しなければいけないのは、物理的実体だけでなくて、例えば「会社組織」や

「生産ロットという集合」などの概念的存在にも個体識別番号を振る必要があるということであり、つまりは同定するものを限定しないという性質が重要になる。

従来のIDに関する標準規格は、商品の識別、書籍の識別から家畜の識別まで、すべて識別する対象限定のものであった。対象を限定せずネットワークの中で識別したいものには何でも振れるIDが、uIDアーキテクチャのベースになっているucodeである。

ucodeはubiquitous のための universal（汎用）に使える uniform（単一形式）で unique（唯一無二）な code という意味なのだ。

ucodeとJANコードの違い

ucodeは唯一無二性を保証したユニークな個体識別番号で、128ビット――10進39桁の単なる番号だ。番号自体に意味を持たない。それに対して、例えばスーパーのPOSレジなどで使われるJANコードは10進13桁の番号だが、その最初の2桁か3桁は、電話番号の「03は東京」のように国を示す国別コードである（ちなみに日本は45と49の2つの国別コードを押さえている）。次の7桁がメーカーコード、残りの桁が商品アイテムコードとチェックデジットというように、桁ごとに番号に意味がある。さらに商品アイテムコ

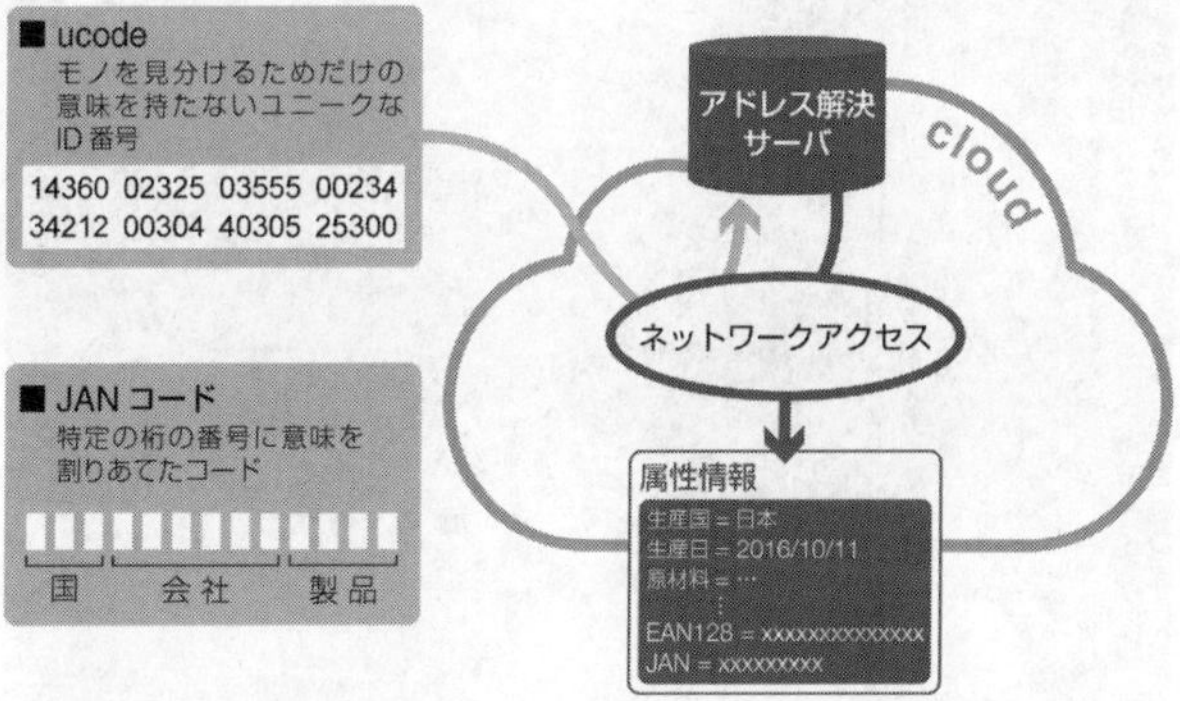

図4・4　ucodeとJANコードの違い

ードは商品の種別を示すもので、個体識別はできない。「○○乳業の牛乳1リットルパック」はすべて同じ番号で、パックを見分けることはできない――だから、製造時の問題で一部に回収の必要が出ても、すべて廃棄しないといけなくなる。（図4・4）

番号に意味を持たせるメリットは、例えば国別コード表のような小さな表を見るだけで内容がわかることだ。POSレジのような末端の機器でもコード表を書き込んでおくことで、ネットワークに繋がっていなくても、そのコードから商品アイテム名や価格を読み出しレシートに印字できる。それに対して、意味を持たない個体識別コードでは、番号だけではそれが何かもわからない。ネットワークの中のそのコードに

図4・5　ucodeを使った牛乳トレーサビリティシステム（YRP UNLの実験）

対応する情報を集めてきて初めてその商品が何かわかる。つまりネットワークへの接続が必須になる。

しかし、逆に言えばネットワークに繋がってさえいれば、「いつ、どこで作られ、どこに運ばれ、加工され……」といった食品トレーサビリティ情報のように、番号に意味を持たせるだけではとても得られないような膨大な情報を、個体識別コードをキーとして手に入れられる。また、番号として書き込まれた情報は最初に書かれたままで、「○○乳業の牛乳1リットルパック」はいつまでたっても「○○乳業の牛乳1リットルパック」で変わらない。それに対して個体識別コードから情報を得る方法なら、その商品の出荷後にわかった製造時のトラブルなどで「この商品は回収指示が出ています」といった、リアルタイムの情報も読み出せる（図4・5）。

ローカルからクラウドへ

従来、番号に意味を持たせるコードが主流だったのは、ネットワークの通信が高コストだったからだ。コンピューター間の通信に専用回線が必要だった時代には、情報処理で最も高価なのは通信だった。だからローカルに処理できる方式が主流だった。

これに対してインターネットの普及後は、通信コストははてしなく低下し、実用的に常時接続が使えるようになった。そうなれば、ローカルに変換表を持つより、必要なときにネットワークに問い合せるほうが、遥かに大量の情報が使えるし、応用に即した情報を読み出せるし、またリアルタイムに情報を変更したり書き加えたりすることができる。そういう意味で、意味を持たせない個体識別コードをキーとして、クラウドから意味を取ってくるというｕｃｏｄｅは、インターネット後の新時代の発想のコードなのである。

その番号をクラウドで解釈し、情報・サービスに繋ぐ部分のプロトコルや解決サービスを標準化して提供する。発行・利用ともにオープンで、組織（団体）でも個人でも発行可能。さらにｕｃｏｄｅ同士の関係を「主語・述語・目的語」という３つ組よりなるＲＤＦ（Resource Description Framework）記法で記述することで、世界中の場所や物品などがどういう関係で存在しているかを記述することができる。

例えば「このｕｃｏｄｅに示す場所はこのｕｃｏｄｅに示す場所に含まれる」など、包含関係や隣接関係を指示することができる。

あらゆるものにｕｃｏｄｅを振ってしまって、その数は十分にあるのかという質問がよく出るが、ｕｃｏｄｅは１２８ビットなので、３・４×10の38乗個の番号が使える。これは例えていうならば、１日１兆個のものに１兆年ｕｃｏｄｅを付け続けるのを、１兆回繰り返せる番号領域だ。このように事実上無限の番号があるので、ｕｃｏｄｅの再利用をしなくても、ネットの中で見分けたいあらゆるモノに番号を振るのに十分な領域を持っていると考えられる。

そしてもうひとつ、このｕｃｏｄｅの良いところは、さまざまなタグに格納することが可能ということだ。二次元バーコードでもＲＦＩＤでも電波マーカーでも赤外線マーカーでもｕｃｏｄｅを格納し発信することができればいい。そしてその読み取ったｕｃｏｄｅの番号を、ネット経由でｕＩＤセンターに送る。すると図に示すようにその番号に相当するデータがどこにあるのかというアドレスが返ってくるので、そのサーバーに接続することにより必要な情報を得るという仕組みになっている。

ｕｃｏｄｅ関連では、ＩＴＵ（国際電気通信連合）で５つの国際標準が成立しており、国際標準になる前提として、我が国を中心とした全世界でだいたい１０００万個の実績がすでにある。

また、ＩＴＵ‐Ｔ（電気通信標準化部門）でｕｃｏｄｅ規格が国際標準化することを受けて、関連技術の国際標準化も進んでおり、例えばＮＦＣ（Near Field Communication）カードの中にｕｃｏｄｅをどういう形で入れるのかということや、またＲＦＩＤに組込むときのＩＤ形式といったことも、「ＲＦＣ６５８８」として国際標準化されている。

2、アグリゲート・コンピューティング・モデルを目指して

IoT化で主たる機能に特化

最近のＴＲＯＮプロジェクトでは、完全なオープンＩｏＴモデルの中で組込みシステムがどういう位置を占めるのかを詳細に検討し、ＩｏＴ時代の組込みにターゲットを定めている。ＩｏＴ化することで、むしろ個々の組込み機器は、その主たる機能のみを実現することに特化でき、最適のシステム設計をすることができるようになる。

そういう状況で製品としてのコストパフォーマンスを最高にできるのが、ＴＲＯＮのようなリアルタイムＯＳ——制御を中心とするリアルタイム性の必要な機能を必要最小限の計算資源で実行することに特化したＯＳだ。柔軟な情報処理を行うクラウドなどにはＵｎｉｘ系のＯＳが適しているが、それで組込みを実現するのはミスマッチであり、十分な性

能を実現しようとすれば、パソコン並みのハードウェアが必要になり消費電力も増え、そうしたとしてもリアルタイム性能の完全な保証は難しい。

組込みは組込み、クラウドはクラウド、スマートフォンはスマートフォンといった役割分担で考えた場合、最もクラウドで実現するべき役割は、ビッグデータ処理であろう。処理性能的にも記憶容量的にも制限のある組込み機器がローカルにビッグデータを取り扱うのはあまりに非現実的だ。

組込み機器はその機器のみが果たせる機能、例えばカメラならリアルタイムにシャッター速度と絞りを決めるなどに特化し、一般的な情報処理はできるだけクラウドに回す。情報システム的にバージョンアップや柔軟性が求められるのは、カメラでいうなら顔認識のような基本性能以外のサービス機能だ。それらをクラウドに任せて外部化、つまりカメラの外でできれば、よりよい画像を撮るという本来カメラが果たすべき機能に絞り込んで、カメラ本体を設計をすることができる。

当然だがOSだけではなくミドルウェア（OSとアプリケーションの中間で、よく利用する機能をまとめたソフトウェア群）も同様である。OSの階層からどんどん上の方にオープン化が移っているので、ミドルウェアもTRONプロジェクトの対象としている。IoT

向けである以上ネットワーク機能も必須だろう。しかし、むしろＯＳは機能をシェイプアップして、より組込みに特化しようとしているのだ。

ガバナンス管理が直面する矛盾

このような方針を立てた場合、オープンＩｏＴの方向性と反する課題が生まれる。すでに述べてきたようにオープンＩｏＴではガバナンスの管理が重要だ。オープン性を持って「モノがインターネット的に繋がる」ということは、究極には世界のすべてのモノが、管理者や製造者の枠を超えて繋がるということだからだ。つまりは、どのモノとどのモノが情報交換していいのか、どのクラウドサービスがそのデータにアクセスしてよいのか、誰が制御していいのか、災害時など特定の状況ではどうなるのかなど、全世界の人とモノとサービスクラウドがステークホルダ（関係者）となる複雑なガバナンス管理が必要になる。

家電のＡＰＩのオープン化自体は実は技術的には容易なことだ。しかし、悪意の第三者による不適切な制御がそのＡＰＩ経由で行われるような不安があるかぎり、特にギャランティ志向の強い日本のメーカーはその方向に行けないだろう。イタズラだけでなくオープンにした時考えられる、能力の低い第三者のプログラムミスによるトラブルも問題だ。単なる「セキュリティ」でない状況に応じたアクセスコントロール――ガバナンス管理の技術と、それを前提にした責任分界という制度面からの両輪での保証が求められるだろう。

ここで「状況に応じた」というのは、オープンな利用を考えた場合、特定の組み合わせのクローズな連携と異なり、多様な利用状況が考えられるからだ。権限のグループ管理、データの匿名化露出、火災など非常事態に応じた権限変更などの機能も必要になる。

例えば、エレベータをオープンにする場合、すべての制御をオープンにするのでなく、一般のユーザには「読み出しＡＰＩは使えるが制御ＡＰＩはアクセスできない」とすれば、エレベータがどこにいるかはわかるが制御はできなくなる。一方、そのビルの住人は「呼び出しＡＰＩにアクセスできる」とすれば、スマートフォンを持ってエレベータホールに近づくだけで自動的にエレベータを呼ぶといったことも可能になる。

このような高度なガバナンス管理は、当然組込みには手に余る処理だ。組込みに高度なデータ処理機能を負わせないとするユビキタスのコンセプトからして、クラウド側で実現するべきだろう。ガバナンスの管理は「この機能はここと結ぶ」「ここからの命令はうけるが、データを渡すだけで制御はＯＮ／ＯＦＦのみ」といった大量のルールを含むデータベースを必要とする複雑な処理だからだ。

それでいて、ガバナンス管理は本質的には組込み機器の本来の機能とは無関係の機能でもある。つまり機能をシェイプアップしてより組込みは組込みらしくという方針と、オープンＩｏＴの求める柔軟なガバナンス管理機能の両立は、明らかに矛盾しているわけだ。

現在のインターネットにおけるガバナンス管理は、企業のエンタープライズシステムではすでに相当に複雑になっているが、基本は「ユーザ任せ」で考えられている。しかしＩｏＴにおいては、モノとモノの連携に関するガバナンスの管理にいちいち人間の関与が必要となると、それは現在のウェブサービス利用を遥かに超える負担をユーザに与えることになりかねない。

つまり、ユーザが基本ポリシーを決めるだけで、あとは柔軟なアクセスコントロールを自動的に行えるようなフレームワークの実現こそが、「オープンＩｏＴ」が社会に出ていくための鍵《かぎ》なのだ。それがなければ、ネット家電をそのメーカー謹製の専用アプリでリモコン操作する程度の現在の応用を超える連携サービスは実現できない。

そして、オープンＩｏＴとしてのメリットを示すことができなければ、ＩｏＴへの期待も一過性のものとして終わってしまうだろう。

個々のエッジノード（末端）に、そのモノの主たる機能の実現に必要とされる以上のアプリケーションを載せれば、それを動かすための情報処理系の巨大ＯＳが必要になり、それらが要求する高度な情報処理機能や大きな記憶容量といったコンピューティング資源を持たせることになる。これは、システム全体としてみれば二重投資であり、全体としての資源やエネルギーを浪費することになる。

さらに、オープンなＩｏＴにおいては高度なセキュリティ機能や、さらに進んで複数のステークホルダが関係する高度なガバナンス管理機能がすべてのエッジノードにおいて必要となる。センサーノードのようなものにまでそれを実装すれば、本来のセンサー機能よりアクセスコントロール機能の方が計算資源を必要とすることになり現実的ではない。

また、流動性の高いアクセスコントロールでは、ポリシーの変更やステークホルダの権限の変更、ホワイトリストやネガデータ、サービス発見など、大量のデータベースアクセスが必要で、これをエッジノード内部に持つことは非現実的だし、常時問い合わせるなら、その通信自身のセキュリティもふくめ、単なる短いセンサーデータの送付にすら何百倍もの通信オーバーヘッドを必要とすることになるだろう。

エッジノードがクラウドに直結

このジレンマに対して、全体アーキテクチャとして、現在我々が考えているモデルは図4・6のようなものである。従来はひとつひとつ独立していた組込みシステムが、IoT時代にはエッジノードとしてすべてがネットワークを通してクラウドサーバーに繋がる。

図はスマートハウスの例だが、家庭中のモノが、ホームネットワークでホームサーバーに結ばれているというローカルネットワークモデルではなく、個々に直接クラウドに繋がっている点に注目して欲しい。もちろん物理的には、家庭内のルータ等を経由してインターネットに繋がっているわけだが、論理的にはエッジノードがクラウドに直結するというのが現在の我々のモデルなのである。

80年代後半から、クローズモデルによる「ホームオートメーション」が、各社からいろいろと提案された。しかし、それらは残念なことにうまくいったとはいえず、立ち消えになった。今より遥かに使うのが難しかった当時の技術水準では、サーバーやネットワークの構築・保守管理の手間、アップデートや新規繋ぎ込みの手間を考えると、ホームオートメーションのメリットも色褪《いろあ》せるのは当然だろう。しかし、それ以上に問題だったのが家電メーカーによる囲い込みだ。

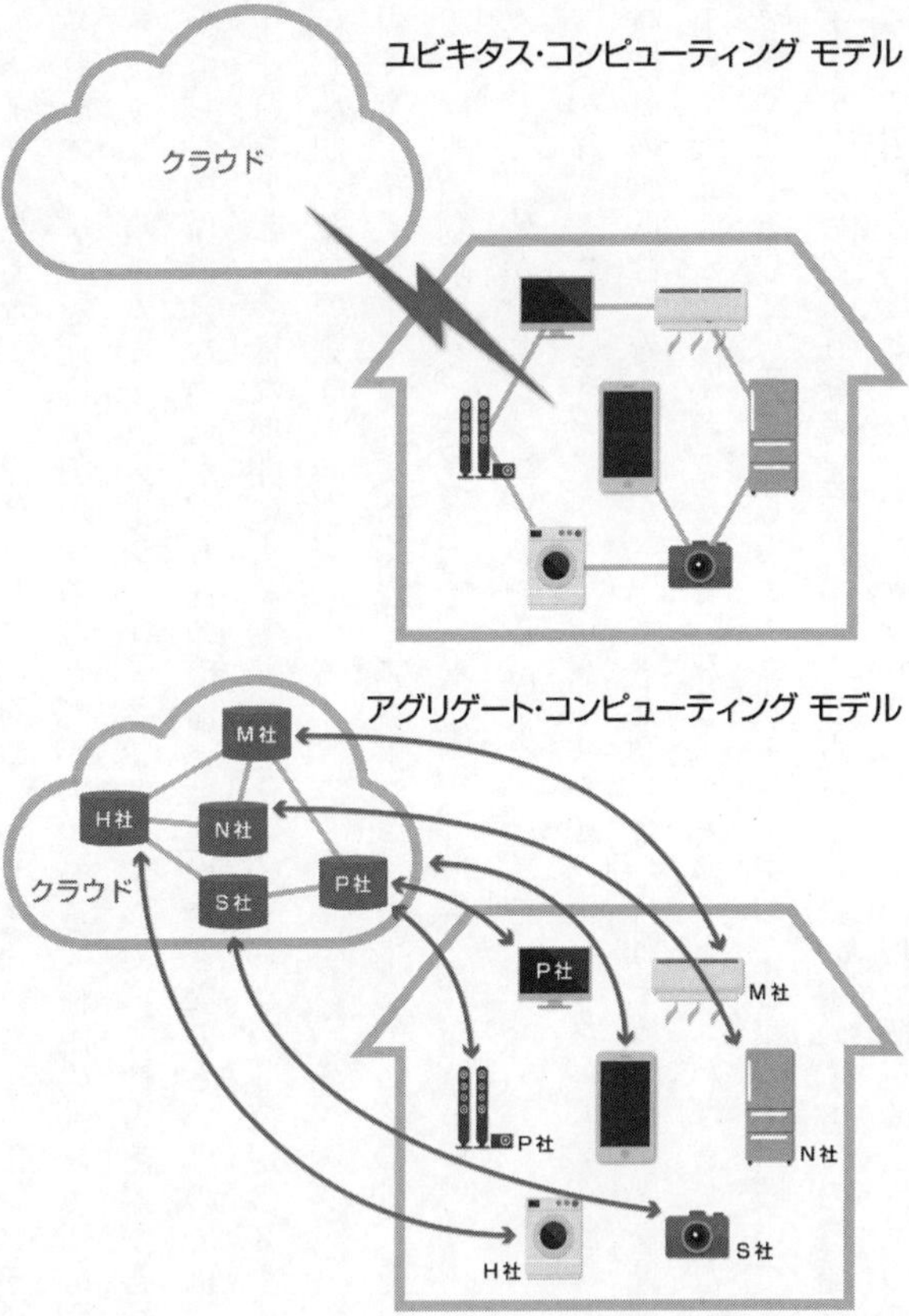

図4・6　ユビキタス・コンピューティングモデルとアグリゲート・コンピューティングモデル

機能を分散しながら、全体として協調動作できるようなＩｏＴシステムで重要な課題は、それをオープンな連携で実現することだからである。特定のメーカーの製品同士が連携するような、ホームオートメーション・ネットワークで、Ａ社の機器がＡ社のスマートフォンでしか操作できないとか、Ｂ社の機器とは連携できないというのでは、エコシステムが生まれないし、多様な展開による爆発的進化も始まらない。特定のメーカーの電気製品だけしか使わない家庭など非現実的だろう。

一方、インターネットが多くのイノベーションを生んでいるのは、それがメーカーや応用や場所の制限なく、「いつ、どこで、誰が、何に」使ってもいいオープンなネットワークとして、豊かなエコシステムを形成できたからだ。

その後、「エコーネット」といったホームネットワークのための標準仕様が当時の通商産業省の旗振りで作られたが、出てきた製品はやはりエコーネットを使いながらも他のメーカー製品との連携が考えられていない——というより、わざとできなくなっているものであった。そして、依然としてホームサーバーを個々の家の中に置いて、そこにすべてのデータを集めるような考えで、ホームサーバーが家の中のすべての機器を制御する、個々の家で閉じられたようなホームネットワーク——それも特定メーカーの機器だけで閉じて構成されるようなモデルであった。

第3章で述べた、ホームサーバーを冷蔵庫の中に入れたらいいのではという話が出たのはまさにこのとき。冷蔵庫は24時間電気を切らないから、冷蔵庫の中にサーバーを入れれば24時間通電で都合がいい——もちろん、そんな話は今はない。

これに対して、TRONプロジェクトでは「オープン」が旗印で、特定のメーカーのホームサーバーに特定のメーカーの製品のみが繋がる完全囲い込みモデルに対しては、初めから否定的だった。当初の「どこでもコンピューター」や、その後の「ユビキタス・コンピューティング」のコンセプトでも、すべてのモノはコンピューターが組込まれ賢くなった「インテリジェント・オブジェクト」になり、それらが状況に応じてアドホックにネットワークを構成し、創発的に相互協力する——というような「中心を持たない均質な分散システム」をイメージしてきた。

しかし、これはこれで高度な機能をローカルに持つということであり、エッジノードを軽くするという方針と矛盾する。そこで最近のTRONプロジェクトでは「アグリゲート・コンピューティング」として、個々には単能でもそれらが属する上位のクラウドと繋がり全体として知的に機能するという「ヒエラルキーのある分散システム」に転換してきているのである。

ホームサーバーが消える

その転換の背景にあるのが、TRONプロジェクトの初期——1980年代から現在にいたるまでの環境の変化だ。特に最も劇的な環境変化は社会のインターネット化だろう。ネットワークでの通信コストが高い状況では、できる限りノード内で計算処理を済ませ、ノード間通信は抽象性の高いレベルで行うことで通信量を最低にする方針が望ましかった。しかし、通信コストがゼロに近づけば、通信を多用することでノードのコンピューティング資源を最小にするという方針の方が正しくなる。JANコードと異なるucodeの考え方を生んだのと同じようにインターネットによる通信コストの激減がIoTのアーキテクチャを大きく変えたのである。

またもうひとつ、ネットワークのスピードにも触れなくてはならない。日本でも最近、LTEが実現化されてきている。外でモバイルから繋いでいるときでも、状況によるが、だいたい数十メガのスピードで繋げることができる。しかもリアルタイム性が向上している。伝送スピードが示しているのは単位時間に送れるデータの量で、例えばネット経由で動画を見るときには重要だ。

しかしスピードが速いこととリアルタイム性は別だ。ブラウザのボタンを押してからクラウドにその指示が届き、結果が返ってくるまでの時間——ターンアラウンドタイムが小さいほどリアルタイム性があるということになる。

ＩｏＴに関わるデータや制御コマンドは動画より遥かにデータとしては小さいので、ここでいう動画を送るようなスピードは必要としない。しかし、現実の状況の変化に対してリアルタイムに反応することが求められるＩｏＴにおいては、スピードよりもリアルタイム性が必要だ。スマートフォンで電灯を制御するとき、画面をタップしてから電灯が点くまで数秒かかるというのでは使いものにならないからだ。

今後考えられている５Ｇなど、簡単にいえば家で使われている無線ＬＡＮか、それ以上の性能がそのまま外で使えるようになるという感じで、これは大きな状況の変化である。どこにいってもローカル並みのネットワーク性能が確保できるのなら、ホームサーバーの意味がなくなる。そこでメーカーを問わず、あらゆる家電をホームサーバーではなく、インターネットのプロトコル、通信手順であるＴＣＰ／ＩＰによりクラウドに直接繋ぐというアグリゲート・コンピューティング的考え方が出てきたのである。

自立性を確保する新たなビジネスモデル

アグリゲート・コンピューティング的考え方が求められたもうひとつの背景は、ビジネスモデルの問題だ。ますますサービス志向になっているビジネスモデル的に考えても、個々の製品が高度な機能を持つより、エッジノードはあくまでサービスの「蛇口」であることが望ましい。メーカーにとっては製品を売っておしまいでなく、その製品を通してユーザが得るサービスの対価を定常的に得られることの方が望ましいと考えられるようになっている。

エッジノードがローカルにインテリジェンスを独占するモデルでは、機能の限界があると同時に、個々のエッジノードを通してサービスを提供するメーカーに取って、ローカルに完結されてはその後のサービスに繋がらない。

エッジノードがローカルに高度な機能を持ち完結するモデルの従来型「ユビキタス・コンピューティング」では、アカデミックにはいくら美しいアーキテクチャでも、ビジネス的には大きな問題があった――そのために今までのユビキタス・コンピューティングには社会への出口が見つからなかった、というのがTRONプロジェクトを続けてきた私の実感である。

モノづくりのメーカーにとって、自社の製品をオープンＩｏＴ化したら、それがネットビジネスのビッグジャイアントに接続され、そこからの指示で連携する手駒になるというモデルは悪夢だ。

生活環境という巨大システムの一部品を作るだけで、そこから生まれるビッグデータや制御のノウハウが取られてしまえば、いずれその環境全体を支配するクラウド世界の覇権企業の指示通りに部品を作るに過ぎない立場になる。製品を通じて新機能を消費者に対し直接提案する立場を失えば、安定はしてもいつかはスマートフォンの黒船に翻弄《ほんろう》され凋落《ちょうらく》した日本の携帯メーカーの二の舞になるからだ。

常にエッジノードと自社のサービスクラウドが直結してサービスを提供するというアグリゲート・コンピューティングのモデルなら、エッジノードの計算資源やデータベースに縛られない高度なサービス――多数の製品の利用実績のビッグデータから人工知能的に使われれば使われるほどより賢く働くような――が自社のイニシアチブで可能となる。

また、そのサービスのコアとなるビッグデータやノウハウが自社のクラウドに蓄積され、エッジノードのリバースエンジニアリングでの流出がないことは、ＩｏＴ時代の自社のアドバンテージを維持できるという戦略的メリットでもあるのである。

「囲い込み」は望ましくない。しかしいくらその正論だけをかざしても、ビジネス的に成り立たなければ社会に受け入れられない。孤立に陥らない「囲い込み」——まず自社のクラウドに直結し、そこからAPIを公開して他と連携する。適度なプロプライエタリ（独占性）というビジネスの要求を満たしながら、オープンによる望ましい連携をも可能にする——アグリゲート・コンピューティング・モデルは技術的であると同時に多分にビジネス的であり、社会的アーキテクチャでもあるのだ。

ユビキタスからアグリゲートへ

このような背景から、通信環境の大きな変化は当然として、オープンIoTにおけるガバナンス管理の負担とビジネスモデル上の必要性といった、技術と制度にかかわるさまざまな状況を勘案し現在のTRONプロジェクトは「ユビキタス・コンピューティング」より、むしろ「アグリゲート・コンピューティング」をその基本モデルとするようになっている。

ローカルなインテリジェンスを高度化する方向性でなく、ローカルとクラウドを合わせ

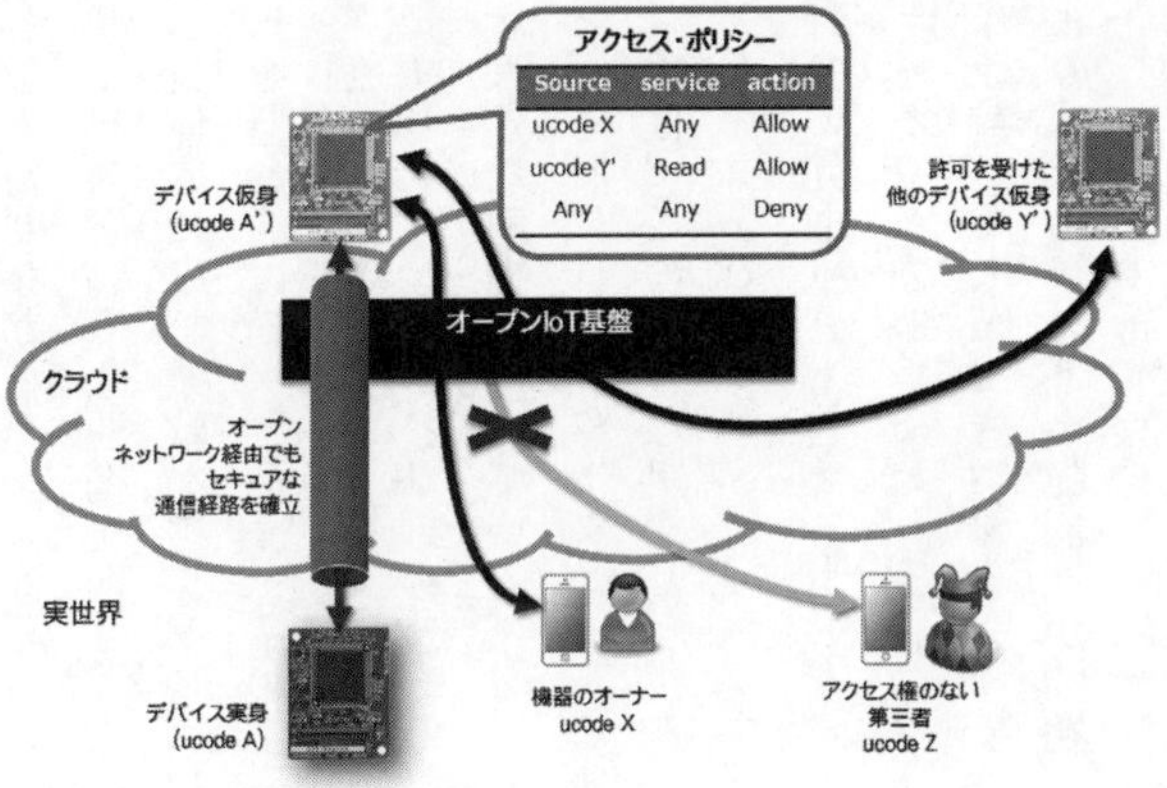

図４・７　柔軟なアクセスコントロール

た「総体」としてのインテリジェンスを高度化する方向性を重視するという方針である。

アグリゲート・コンピューティングの基本は、エッジノードとそれに対応する特定のクラウドとの直結である。このモデルではエッジノードは特定のクラウドとのみ通信するので、ローカルには複雑なガバナンス管理機能を持つ必要はない。特定のクラウドと仮想的な常時直結回線をトンネリングで実現することで、エッジノード側は少ない計算資源で単純かつ強固なセキュリティが実現できる。

その状況で、エッジノードのための高度なアプリはクラウド側に置く。そのクラウド上のアプリとエッジノードが「総体」としてひとつの「ＩｏＴサービス」となり、そのサービス総体として高度なガバナンス管理のもとに、他のシステムに対しＡＰＩを公開して他のＩｏＴサービスと高度な連携を取り、人々の生活を総体として支えるのである。

具体的には、柔軟なアクセスコントロールを行うためにＴＲＯＮで考えているメカニズムを概念的に描くと図４・７のようになる。アクセスコントロールの基本は個々のノードを個体識別することであり、サービスを発見することであり、認証を行ってアクセスコントロールを行うことである。そのためにも個々の要素にはｕｃｏｄｅが振られるというのが大きな前提となっている。この基本アーキテクチャをベースにしてさまざまなサービスと、それに伴うアクセスコントロールを展開していくことができるのである。

実は、このようなアグリゲート・コンピューティングは、シンクライアント化、アプリケーションのＳａａＳ化、クラウド化という現在の情報処理分野のトレンドの、組込み分野での先取りとも言えるものだ。

それらのトレンドは、通信コストの急激な低下、ユーザデバイス側での管理を含むコスト上昇、そしてセキュリティ不安への対応として生まれたものだ。その教訓を活かすなら、より末端のコストと脆弱性が問題になるのがＩｏＴであり、エッジノードをできるだけ軽くするような全体アーキテクチャを目指すべきなのである。

例えば、近年のインテリジェント機器で必須になってきているファームウェアのアップデートは、「家電を買ったらアップデートを求められるが、アップデートって何？」というように、コンピューターに詳しくないユーザには大きな負担だ。これも、アップデートが必要となるのは高度なアプリケーション部分のバグ修正や機能追加がほとんどなので、アグリゲート・コンピューティングの構成なら、エッジノード側はそのままでクラウド側の修正のみで済ませることができ、ユーザの負担も少ないのである。

日本におけるオープンデータ実現のために

すでに述べているように、オープンデータとＩｏＴの関係についてはオープンなＩｏＴを社会レベルで実現するときにオープンデータという考え方が重要になる。その意味でオープンなＩｏＴ社会実現のためにも、社会のオープンデータ化を同時に進める必要がある。オープンデータが日本の社会と親和性が低いということからも、特にこの面で行っている我々の活動についてここで紹介しておきたい。

私が理事長を務めている「一般社団法人オープン＆ビッグデータ活用・地方創生推進機構（ＶＬＥＤ／Vitalizing Local Economy Organization by Open Data & Big Data）」が設立され

て1年以上経つ。そこでの広報活動もあり、我が国においても公共機関のデータをオープンにすることの意義がやっと行政や公共的な事業を行っている関係者の間で広く認識されるようになり、社会変革とイノベーションに繋がるという認識が高まってきた。

また、意識を高めるというだけでなく、我々も具体的に動く必要があるということでVLEDとは別に「公共交通オープンデータ協議会（ODPT／Association for Open Data of Public Transportation）」を作り、まずは首都圏に乗り入れている鉄道やバスなどの公共交通関係の企業に参加していただき、2020年に向け東京の公共交通データをいかにしてオープンにするかの検討を行っている。

世界の多くの国では公共交通機関は自治体等が一手に握っている場合が多い。2012年のロンドン・オリンピックでは、ロンドン交通局（TfL）が地下鉄やタクシーから貸出自転車まですべてを管理していたためオープンデータ化は容易だった。しかし東京は公共交通について世界に冠たる複雑な都市である。東京だけで、鉄道14社局、乗合バス38社局、タクシー1100社（個人除）ある。それらの会社の中には、オープンにしようにもデータ自体がないというような小規模な会社まである。何らかの枠組みで各社を束ね積極的にオープンデータ化を進めないと、8年たったにもかかわらず2020年の東京ではロンドンと同じレベルのオープンデータ化すらできないということになりかねない。

その課題に対応するため、東京圏の主要公共交通関係者により作られたのが「公共交通オープンデータ協議会」である。その前身の「公共交通オープンデータ研究会」ではＪＲ関係のデータを使ったアプリの開発コンテストを行った。また第３章でも述べたとおり、私の研究所、ＹＲＰユビキタス・ネットワーキング研究所で東京メトロの10周年企画に協力して、東京メトロのオープンデータコンテストを行い、このオープンデータは継続的に提供されている。

公共交通データのオープン化だけでなく、民間会社においてもＡＰＩやデータをオープンにする運動を進めた。その一環として我々の研究所でリコーと「ＲＩＣＯＨ ＴＨＥＴＡデベロッパーズコンテスト」を開催し、短期間のうちに優れた作品が多数応募され、オープンＡＰＩの効用を実証する大きな成果も得ており、ＩｏＴ対応をよりアピールする形で継続的に開催する予定である。

おわりに

自動車、飛行機、電力網、原子力、電話、無線通信、人工衛星、テレビ、コンピューターからインターネットまで——19世紀後半から20世紀にかけて生まれたイノベーションを並べると、何よりその進化のスピードに驚く。

例えば、ライト兄弟が布張りの1人乗り木製複葉機を初めて飛ばした1903年から、全金属低層単葉という近代的な4人乗り旅客機——ユンカースF.13が初飛行した1919年まで、たったの16年。20世紀の最初に生まれた人にとって、生まれてから死ぬまでの世界の変化は、それ以前の歴史で言えば何十世代にも及ぶめまぐるしいものだっただろう。

それに比べると、21世紀に入ってからの科学技術の進歩は小粒——というか、世界の風景を変えるようなものがないのは確かだ。私の子供時代の科学雑誌の挿絵に比べれば、いまだに自動車は空を飛んでいないし、ビルの間にかかる透明チューブの中を走る浮揚列車もない。せっかく21世紀になったというのに車輪型宇宙ステーションへの出張に行くための定期運行シャトルもないし、当然恒久月面基地も予定すらない。

しかし、20世紀の人が見ても大して代わり映えのしない通勤電車の中では、半数以上の人が小さな板を持って指でなぞっている。何かの儀式かと思うくらいだ。最初のｉＰｈｏｎｅの登場が２００７年だから、電車で半数以上の人がスマートフォンを使っている状況まで5年もかからなかったという、その普及率の伸びは十分に驚嘆に値する。

私の専門の情報通信技術分野で言えば、他にもクラウドコンピューティングからビッグデータ処理、グリッド・コンピューティング、ディープラーニングまで、直接目には見えなくても、21世紀になって多くのイノベーションが生まれており、それが人の7倍で成長するドッグイヤーならぬ18倍のマウスイヤーで進歩している。

大きな進歩は主に情報の世界で起こっているのだ。21世紀になって科学技術の進歩が小粒になったのではなく、変化が起こっているのがいわば画面の中だから、実世界はあまり変わっていないように見えているだけだ。

そして、もうひとつ、20世紀のイノベーションが目覚ましく見えるとしたら、それは「戦争の世紀」だったから、ということだ。悲しい現実だが戦争は確実にイノベーションを生み——そして何より加速する。誤解があるようだが、戦争の危機感により科学技術が研究開発段階で大きく加速するというのは間違いだ。大きな違いはむしろ、それの実用化のステップ――社会への出口にある。航空機は典型だが、安全審査、予算制約、労使問題、既得権益まで――イノベーションを社会に出すときに足を引っ張る多くの制約は、戦時には「敵より少しでも先に」との危機感で、戦時特例として素早くクリアできてしまう。

その戦争のなごりの冷戦が、核攻撃下でも生存可能――打たれ強い「中心を持たない自己組織的なネットワーク」としてインターネットを生み育てた話も有名だ。

インターネットは、まさに「イノベーション=破壊的創造」の典型。オープン参加型でエラスティック（伸縮自在で透過的）だがベストエフォート（努力はするが保証はできない）というその特性は、それ以前に主流だったクローズだがギャランティ（性能保証）というVAN（付加価値通信網）の存在を真っ向から否定するものだった。もしインターネットが民間から生まれていたら、研究が社会にでるまでの障害――いわゆる「死の谷」を越えられたとは到底思えない。

冷戦から生まれたインターネットが商用開放され、イノベーションの豊かな温床となることで、21世紀の情報世界では連鎖反応的にイノベーションが盛んに生まれ、その成長スピードはまさにマウスイヤーだ。例えば、ハーバード大の一学生が２００４年に学生寮の一室で始めたサービスが、たった7年で時価総額評価で航空機産業の雄――米ボーイング社を追い抜くなど、20世紀のビジネス常識から見ればありえなかったことだ。そのフェイスブックの急成長も、デジタル通信コストを果てしなく引き下げたインターネットの存在なしにはありえなかった。

航空機のような事故を起こせば人が死ぬ実世界でのイノベーションに比べ、情報世界でのイノベーションは人の死に直結する可能性は低い。そのため、平時のイノベーションに対する制約として最も強い「安全」というハードルが、情報世界では最初から低い。戦時でなくても社会への出口の制約が小さいことが、21世紀のイノベーションが画面の中がメインのように見える大きな理由だと思う。

しかし、ＩｏＴは情報世界のイノベーションであるが同時に、実世界にも影響をあたえる。米国ですら「安全」が問題指摘されているくらいだ。そしてその平時のハードルについて、英米に対し日本はさらに大きなハンディを抱えている。法律には大きく分けて大陸法と英米法という2つの基本設計方式がある。ここで日本は大陸法である。大陸法はできる限り法律で決めるのが基本で、法律に「やっていいこと」を書き、書かれていないことは基本やってはいけない。これを「ポジティブリスト」方式と呼ぶ。米国の英米法は逆で法律は最小限。法律に書かれているのは「やってはいけない」最小限のことで、これを「ネガティブリスト」方式と呼ぶ。そして決めていないことで問題が発生した時点で、裁判により事後判断しそれが以後の判例法になる。

例えばインターネット経由で外部から大型家電の運転をオンにする機能は、2012年にパナソニックがエアコンの開発競争でフライングを起こした結果、行政指導「的」電話一本で削除になった。その顛末で確信犯的に議論を引き起こしたおかげで、規定ができ近年やっとある程度の解禁になったとはいえ、米国ではそもそもそんな議論は起こっていない。

1962年にできた日本の電気用品安全法には、当然なことにインターネットに関する規定はない――だから使ってはいけない。法律に書かれていないから使えない日本と、ないから使える米国。イノベーションを素早く社会に出すにあたり、英米法と大陸法のどちらが適しているかは明らかだろう。

インターネット経由での外部からの大型家電の運転オンは、P社製のエアコンをその家の家人がスマートフォンのP社アプリから明示的に指示する。その意味では単なる「ネット経由リモコン」だ。しかし、IoTで考えるのは、A社のセンサーがとらえた実世界の状況を、Ｂ社のクラウドが判断し、Ｃ社のエアコンやＤ社の自動開閉窓に指示を送るような世界だ。

その世界でトラブルがあった場合の責任問題は簡単ではない。

まさにインターネットと同様にクローズでなくオープンだから実現できる世界だが、やはりインターネットと同様に、単一主体によるギャランティが不可能でベストエフォートの世界だ。単なる「ネット経由リモコン」でも大騒ぎになる日本では、これを越えるには相当にハードルが高いことが予想される。

しかし振り返ってみれば、オープンでベストエフォートで便利だが、だれも究極のギャランティをしてくれないのは道路交通網も同じ。「安全」という意味では、毎年４０００人以上の死者を出しながら、日本社会に未だに許容されている最大のベストエフォートのシステムだ。

完全なゼロリスクは無理でも、道路交通法や保険など各種の制度で補完して社会的コンセンサスが作れれば、日本でもオープンでベストエフォートな実世界システムは不可能ではない。しかし、ゼロリスクでない限り——ほんの少しでもリスクがあればイノベーションを受け入れないとするなら、ＩｏＴは社会への出口を失う。ＩｏＴとは名前の通り

「Internet of Things」――そもそもインターネットのようにオープンでベストエフォートでありながら、インターネットと異なり実世界に大きく影響するシステムだからだ。

今後、ネット経由での運転オンやその先にあるネット経由でのセンサーデータ集約によるビッグデータ処理、さらには人工知能の状況判断による機器の最適制御のように、情報世界と物理世界の接点はますます広がる。その接点こそがＩｏＴであり、次世代の世界的イノベーション競争の場だ。その意味では今話題のロボットも自動運転もＩｏＴの一部――逆に言えば、ＩｏＴは社会全体のロボット化ということもできる。

エアコンくらいは問題がなくても、自動車の自動運転では情報世界の変更が人の死に直結しかねない。だからこそ、米国も情報世界だけのイノベーションよりスピードは遅くなっている。日本より対応は早いし、大量の試験走行をグレーな状態で行って容認されたとはいえ、米国で自動運転車がネバダ州の公道免許を取るまでに、さすがのＧｏｏｇｌｅですら1年7ヵ月「も」かけているのだ。

成長余地が少なくなった先進国では、経済成長の鍵はイノベーションしかない――といって、そのために戦争を願う訳にはいかない。そこで、またも英米は素早く対応を始めている。十分にイノベーションで優位にあるはずの英米でも、社会のロボット化は大きな問題であり、そのための哲学的議論を始めている。

例えば、自動運転車における道徳哲学で言うところの「トロッコ問題」――そのまま進めばひとりの子供を轢《ひ》くが、ハンドルを切れば搭乗者が確実に死ぬようなケースだ。問題になるのは、人工知能の反射反応が遅いことではない。むしろ状況を人間以上に正確に捉《とら》え冷静に判断できるからこそ、その優先順位を曖昧《あいまい》にせず出荷前に明文化したり、搭乗前に設定しなければいけない。はっきりいって、そういう哲学議論はどうせ答えも出ないし、日本的には曖昧にしたいところだ。しかし、そういう問題を曖昧にせず突き詰める知的なタフさが確かに欧米にはある。

その哲学の次には、生活の中で使われる技術なので制度や法律の対応も重要になる。道路にタグを付けようとすると法律があるし、ロボットが街中で歩くようにするにも法律を変えないといけない。ＩｏＴをオープンな社会に出すにはテクノロジーだけではなく法律も素早く対応させることが重要になってくる。そのあたりは政治家の出番だろう。

イノベーションを起こすには、技術だけでなく、制度やものの考え方といった文系的な力もあわせ持つことが重要なのだ。粘り強く議論を続け、ゼロリスクの罠《わな》に陥らず、ＩｏＴ社会に向けた大改革ができるかどうかが問われている。ＩｏＴを社会規模で実装して、全体としての高効率化や、安全性向上と個々の利便性の向上の両立という果実を得るのに必要なものは、技術や生産設備よりむしろそういう社会の強靭《きょうじん》性なのだ。

私が生きているうちにIoT社会を実現させたい。しかし要素技術開発や科学の新発見と違い、その実現が社会変革と密接に関わっている以上、当然自分の力だけではできない。より多くの協力をいただき、できるだけ早くIoT社会を実現したいからこそ、TRONプロジェクトはオープンを基本とした。

TRONプロジェクトを始めてからもう30年以上たってしまった。技術開発や実証実験を経て、この10年でIoT社会の実現は確実に視野に入ってきた。しかし、同時に技術以外の社会的課題がより重くなってきた10年でもあった。

最後は社会の力だ。ぜひ多くの方々の協力によりIoT社会を実現させたいと考えている。

2016年2月

坂村 健

参考文献

『コンピューターがネットと出会ったら　モノとモノがつながりあう世界へ』（坂村健 監修、角川インターネット講座14、KADOKAWA、2015年）
ＩｏＴを支える技術について、クラウド、ノードの組込みシステム、ネットワーク、ヒューマンインターフェースからと多角的に捉え論じている。背景や歴史的なことにも触れている。本書と考え方は同じなので、読後もっとよく詳しくというときには最適。

『不完全な時代――科学と感情の間で』（坂村健、角川oneテーマ21、2011年）
本書で何度も述べているようにＩｏＴの実現にあたっては、技術だけでなく、哲学や制度も重要である。ネット社会を支える仕組みや考え方について述べている。

『ユビキタスとは何か――情報・技術・人間』（坂村健、岩波新書、2007年）
ＩｏＴ＝ユビキタスであり、私が１９８０年代に始めたユビキタス・コンピューティングについて考え方や背景と、２０００年から２００７年までの成果について述べている。

『ユビキタス・コンピュータ革命――次世代社会の世界標準』（坂村健、角川oneテー

マ21、2002年）

マイクロ・エレクトロニクスの進歩により2000年頃にはユビキタス・コンピューティング関連の実験ができるようになり、さまざまなチャレンジがなされた。その頃の状況について書かれている。

本文に出てくる非営利団体のトロンフォーラム、公共交通オープンデータ協議会および総務省の「2020年に向けた社会全体のICT化推進に関する懇談会」については、左記URLを参照いただきたい。

トロンフォーラム　http://www.tron.org/
公共交通オープンデータ協議会　http://www.odpt.org/
2020年に向けた社会全体のICT化推進に関する懇談会
http://www.soumu.go.jp/main_sosiki/kenkyu/2020_ict_kondankai/index.html

坂村 健（さかむら・けん）
1951年東京生まれ。工学博士。東京大学大学院情報学環教授、ユビキタス情報社会基盤研究センター長。1984年からオープンなコンピュータアーキテクチャ「TRON」を構築。携帯電話、家電、デジタル機器、自動車、宇宙機などの組込みOSとして世界中で多数使われている。2002年よりYRPユビキタス・ネットワーキング研究所所長を兼任。いつでも、どこでも、誰もが情報を扱えるユビキタス社会実現のための研究を推進している。2003年に紫綬褒章。2006年に日本学士院賞、2015年にITU（国際電気通信連合）150 Awardsを受賞。『ユビキタス・コンピュータ革命——次世代社会の世界標準』『不完全な時代　科学と感情の間で』（ともに角川oneテーマ21）、『コンピュータがネットと出会ったら モノとモノがつながりあう世界へ』（監修／角川インターネット講座14 KADOKAWA）、『ユビキタスとは何か——情報・技術・人間』（岩波新書）、『毛沢東の赤ワイン　電脳建築家、世界を食べる』（角川書店）、『痛快！コンピュータ学』（集英社文庫）など著書多数。

IoTとは何《なに》か

技術《ぎじゅつ》革新《かくしん》から社会《しゃかい》革新《かくしん》へ

坂村《さかむら》 健《けん》

2016年 3 月10日　初版発行

発行者　郡司 聡
発　行　株式会社KADOKAWA
東京都千代田区富士見2-13-3　〒102-8177
電話　0570-002-301（カスタマーサポート・ナビダイヤル）
受付時間 9:00～17:00（土日 祝日 年末年始を除く）
http://www.kadokawa.co.jp/

装 丁 者　緒方修一（ラーフイン・ワークショップ）
ロゴデザイン　good design company
オビデザイン　Zapp!　白金正之
印 刷 所　暁印刷
製 本 所　BBC

角川新書

ISBN978-4-04-082058-3 C0295